Cachaça

Blucher

Cachaça
Ciência, tecnologia e arte

André Ricardo Alcarde

À minha querida Sarita e a meus filhos Manuela e Leonardo.
A meu pai e à minha mãe, mais que agradecimento ou dedicatória,
como vocês me fazem falta! Não mais por aquilo que vocês tão bem fizeram,
mas simplesmente para um abraço e um beijo.

Cachaça: ciência, tecnologia e arte

2ª edição – 2017
Editora Edgard Blücher Ltda.

Imagem da capa: Gerhard Waller (ACOM/ESALQ)

Blucher

Rua Pedroso Alvarenga, 1245, 4º andar
04531-934 – São Paulo – SP – Brasil
Tel.: 55 11 3078-5366
contato@blucher.com.br
www.blucher.com.br

Segundo o Novo Acordo Ortográfico, conforme 5ª ed. do *Vocabulário Ortográfico da Língua Portuguesa*, Academia Brasileira de Letras, março de 2009.

DADOS INTERNACIONAIS DE CATALOGAÇÃO NA PUBLICAÇÃO (CIP)
Angélica Ilacqua CRB-8/7057

Alcarde, André Ricardo
Cachaça : ciência, tecnologia e arte / André Ricardo Alcarde. – 2. ed. – São Paulo : Blucher, 2017.
96 p. : il. color

ISBN 978-85-212-1229-4

1. Cachaça I. Título

17-1083 CDD 663.5

Índice para catálogo sistemático:
1. Bebidas alcoólicas – destilados

Prefácio

O objetivo deste livro é oferecer a estudantes, professores e interessados em geral uma visão teórica e prática sobre o processo de produção de cachaça de uma forma integrada, pois, na realidade, teoria e prática agem simbioticamente. Elas coexistem. Teoria e prática até podem ser tratadas separadamente, no entanto, uma sem a outra gera apenas conhecimento superficial. De um lado "rígido" e, de outro, "empírico". Ambos válidos, porém, limitados. Se quisermos trabalhos aprofundados e de qualidade, vemos que teoria e prática são indissociáveis. Não se sabe até onde uma vai e onde começa a outra. Este livro é fruto do conhecimento adquirido da aplicação da teoria na prática e do entendimento da prática na teoria. Assim, o foco desta obra é a ciência aplicada na tecnologia envolvida no processo de produção de cachaça visando à qualidade química e sensorial do destilado. Vale ressaltar que grande parte dos dados analíticos que permeiam os capítulos é resultado de estudos conduzidos pelo nosso grupo de pesquisa.

Gostaria de agradecer a meus professores da matéria que, direta ou indiretamente, ensinaram-me a artisticidade envolvida na produção de cachaça: Afrânio Antonio Delgado, Fernando Valadares Novaes, Henrique Vianna de Amorim, João Gustavo Brasil Caruso, Jorge Horii, José Paulo Stupiello, Julio Marcos Melges Walder, Luiz Carlos Basso, Marco Antonio Azeredo Cesar, Roberto Bovi, Urgel de Almeida Lima. Agradecimento especial a meus alunos que tanto têm me auxiliado e, principalmente, me ensinado.

Conteúdo

CAPÍTULO 1

Aspectos históricos, sociais e econômicos

A história da aguardente de cana, ou cachaça, se mistura com a história do próprio Brasil e do povo brasileiro. Nossa cultura e nossos costumes estão entrelaçados com a origem desta bebida.

Os primeiros engenhos de cana-de-açúcar se estabeleceram na capitania de São Vicente por volta de 1532 (Figura 1). Provavelmente o engenho São Jorge dos Erasmos foi o primeiro a entrar em operação no Brasil. Desde 1958 suas ruínas estão sob a guarda da Universidade de São Paulo. O solo fértil e o clima quente e úmido proporcionaram o rápido desenvolvimento da cultura da cana-de-açúcar na região litorânea do nosso país, marcando o início de uma atividade que se transformaria em grande fonte de riqueza (Figura 2). Paralelamente à produção de açúcar em terras brasileiras, a destilação, empírica ou intencional, do vinho da cana ou do caldo azedo residual resultou em um líquido incolor, brilhante e ardente. Por ter a aparência da água, chamaram-no de aguardente.

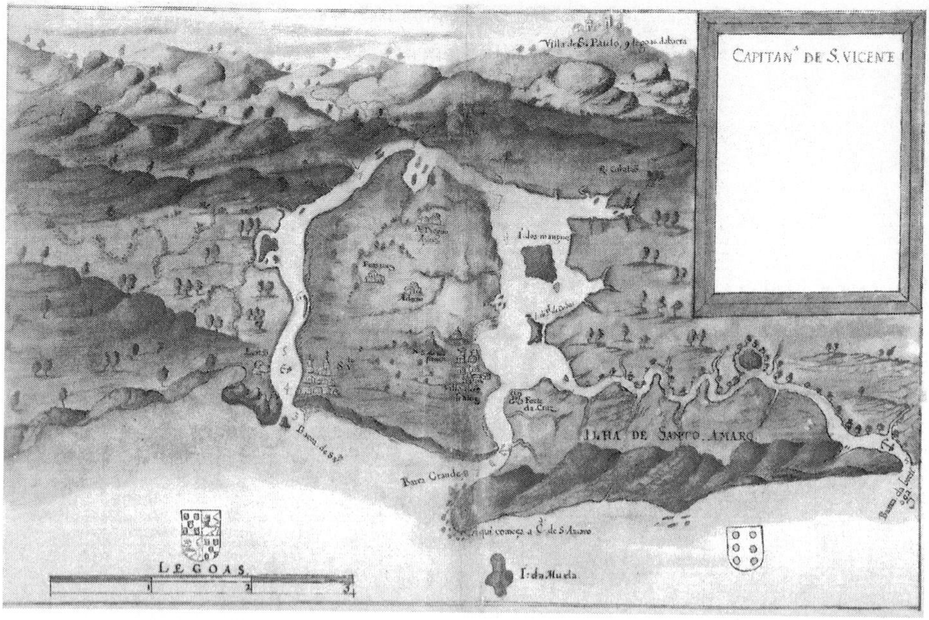

Figura 1 Gravura de João Teixeira Albernaz, que representa a costa da capitania de São Vicente em 1631, desde a barra de São Vicente até a barra de Bertioga, incluindo a vila de Santo Amaro. Identifica os engenhos de Leitão, de Diogo Aires, dos Erasmos e dos irmãos Adorno.

A aguardente, a princípio um produto secundário da indústria açucareira, ganhou importância econômica e social na época colonial, chegando a ser um importante produto nas trocas comerciais e um dos fatores que levou à união do povo pela reivindicação da Independência do Brasil.

Quanto à denominação cachaça, há algumas versões para a sua origem. Uma delas diz respeito ao termo espanhol *cachaza*, que designava um tipo de vinho consumido em Portugal e na Espanha. Outra se relaciona ao termo *cagaça*, como era conhecida a borra do caldo de cana residual da produção do açúcar. Uma terceira hipótese considera que a denominação possa ter sido inspirada na fêmea do cachaço, um porco selvagem cuja carne dura era amaciada com a aguardente.

Figura 2 Gravura de Johann Moritz Rugendas, de 1835, representando um engenho de açúcar da época.

Anualmente são produzidos cerca de 800 milhões de litros de aguardente de cana ou de cachaça no Brasil, tendo o país uma capacidade instalada de produção de aproximadamente 1,2 bilhão de litros anuais. É a quarta bebida destilada mais produzida no mundo, ficando somente atrás do *Baijiu*, da *Vodka* e do *Soju*. No entanto, normalmente a qualidade da cachaça ainda deixa a desejar, pois o processo de produção muitas vezes continua sendo realizado de maneira empírica e rudimentar. Por causa disso, menos de 1% da produção nacional é exportada, sendo o Brasil o maior consumidor. Entretanto, com a adoção de boas práticas de fabricação, como o uso de equipamentos adequados e novas tecnologias, houve melhorias significativas na qualidade. Como consequência, a bebida foi valorizada e surgiram novos mercados consumidores, tanto que atualmente ela já pode ser comparada aos mais nobres destilados do mundo.

A partir de 11 de abril de 2013 os Estados Unidos passaram a reconhecer a cachaça como um produto "genuinamente brasileiro". É uma tendência as exportações aos Estados Unidos crescerem em um futuro próximo. No entanto, o uso das boas práticas de fabricação é primordial para garantir a qualidade do produto.

Estima-se que há mais de 40 mil produtores e mais de 5 mil marcas de aguardentes no país. O faturamento aproximado do setor é de US$ 600 milhões ao ano, gerando cerca de 600 mil empregos diretos e indiretos. Da totalidade da área cultivada com cana-de-açúcar no Brasil, aproximadamente 2,5% (225 mil ha) é destinada à produção de aguardente ou de cachaça.

A cachaça é produzida em todos os Estados brasileiros, sendo os maiores produtores São Paulo (responsável por 44% da produção nacional), Pernambuco (12%), Ceará (12%), Minas Gerais (8%), Rio de Janeiro (8%), Paraíba (8%) e Paraná (4%). Os três primeiros estados são responsáveis por quase toda a produção industrial (1,2 bilhão de litros), destilada em colunas contínuas. Já a produção de alambique (500 milhões de litros) está concentrada em Minas Gerais, Rio de Janeiro, Bahia e São Paulo, sendo que o estado mineiro contribui com cerca de 50% de toda a produção feita em alambique.

2 CAPÍTULO

Definição e composição

O Decreto Federal 6.871, de 4 de junho de 2009, regulamenta a Lei 8.918, de 14 de julho de 1994, que dispõe sobre a padronização, a classificação, o registro, a inspeção, a produção e a fiscalização de bebidas. A Instrução Normativa n. 13, de 29 de junho de 2005, do Ministério da Agricultura, Pecuária e Abastecimento (MAPA), estabelece o Padrão de Identidade e Qualidade (PIQ) para a aguardente de cana-de-açúcar e para a cachaça, cuja finalidade é padronizar essas bebidas e proteger a saúde do consumidor mediante o estabelecimento de limites mínimos e máximos para os componentes voláteis "não álcool" e contaminantes orgânicos e inorgânicos que podem estar presentes na bebida.

Posteriormente, a Instrução Normativa n. 13 foi parcialmente alterada pela Instrução Normativa n. 58, de 19 de dezembro de 2007, e pela instrução Normativa n. 27, de 15 de maio de 2008. As principais definições presentes nessas instruções normativas estão descritas a seguir.

Aguardente de cana é a bebida com graduação alcoólica entre 38% vol. (trinta e oito por cento em volume) e 54% vol. (cinquenta e quatro por cento em volume) a uma temperatura de 20 °C (vinte graus Celsius), obtida do destilado alcoólico simples de cana-de-açúcar ou pela destilação do mosto fermentado do caldo de cana-de-açúcar.

Destilado alcoólico simples de cana-de-açúcar, destinado à produção da aguardente de cana, é produto obtido pelo processo de destilação simples ou por destilo-retificação parcial seletiva do mosto fermentado do caldo de cana-de-açúcar, com graduação alcoólica superior a 54% vol. (cinquenta e quatro por cento em volume) e inferior a 70% vol. (setenta por cento em volume) a uma temperatura de 20 °C (vinte graus Celsius).

Cachaça é a denominação típica e exclusiva da aguardente de cana produzida no Brasil, com graduação alcoólica entre 38% vol. (trinta e oito por cento em volume) e 48% vol. (quarenta e oito por cento em volume) a uma temperatura de 20 °C (vinte graus Celsius), obtida pela destilação do mosto fermentado do caldo de cana-de-açúcar, com características sensoriais peculiares.

A diferenciação legal entre aguardente de cana e cachaça está, portanto, na concentração alcoólica máxima permitida para cada uma dessas bebidas, 54% vol. para a aguardente e 48% vol. para a cachaça. No entanto, são raras as aguardentes com concentração alcoólica superior a 48% vol. Portanto, a principal diferença entre ambas é o líquido de origem. A aguardente pode ser produzida a partir do mosto fermentado do caldo ou do destilado alcoólico simples de cana-de-açúcar. Já a cachaça deve ser produzida exclusivamente a partir do mosto fermentado.

O padrão de identidade e qualidade (PIQ), estabelecido pela legislação, com seus respectivos limites tem a finalidade de padronizar a composição química da bebida e proteger a saúde do consumidor. No processo de produção da cachaça são formados componentes voláteis "não álcool", compostos secundários denominados coeficiente de congêneres (Tabela 1). Algumas substâncias que podem estar presentes na bebida são consideradas contaminantes orgânicos e inorgânicos (Tabela 2).

Tabela 1 Composição química (mg/100 mL de álcool anidro) e requisitos de qualidade da cachaça e da aguardente de cana-de-açúcar, estabelecidos pela legislação brasileira.

Componente	Limites	
	Mínimo	Máximo
Acidez volátil, em ácido acético	-	150
Ésteres, em acetato de etila	-	200
Aldeídos, em aldeído acético	-	30
Furfural + Hidroximetilfurfural	-	5
Álcoois superiores*	-	360
Coeficiente de congêneres**	200	650

*Álcoois superiores = soma dos álcoois isobutílico (2-metil-propanol), isoamílicos (2-metil-1-butanol e 3-metil-1-butanol) e n-propílico (1-propanol).

**Coeficiente de congêneres = soma da acidez volátil, ésteres, aldeídos, furfural + hidroximetilfurfural e álcoois superiores.

Tabela 2 Composição máxima permitida de contaminantes na cachaça e na aguardente de cana-de-açúcar, estabelecida pela legislação brasileira.

Contaminantes orgânicos	Unidade	Limite máximo
Álcool metílico	mg/100 mL álcool anidro	20
Carbamato de etila	µg/L da bebida	210
Acroleína (2-propenal)	mg/100 mL álcool anidro	5
Álcool sec-butílico (2-butanol)	mg/100 mL álcool anidro	10
Álcool n-butílico (1-butanol)	mg/100 mL álcool anidro	3
Contaminantes inorgânicos		
Cobre	mg/L da bebida	5
Chumbo	µg/L da bebida	200
Arsênio	µg/L da bebida	100

Tanto a aguardente de cana quanto a cachaça podem ser adicionadas de açúcares até 6,0 g L^{-1} (seis gramas por litro), expressos em sacarose. Caso contenham quantidade superior a 6,0 g L^{-1} e inferior a 30 g L^{-1}, devem obrigatoriamente ser rotuladas com a palavra "adoçada". A sacarose (açúcar refinado ou cristal) pode ser substituída total ou parcialmente por açúcar invertido, glicose ou seus derivados reduzidos ou oxidados.

CAPÍTULO 3

Compostos secundários

O processo de fermentação, realizado pelas leveduras, transforma os açúcares presentes no mosto em etanol e gás carbônico como produtos principais. No entanto, diversos outros compostos são formados em quantidades menos relevantes, tais como ácidos carboxílicos, metanol, ésteres, aldeídos e álcoois superiores (Figura 3). Esses compostos participam ativamente do aroma e do sabor das bebidas destiladas.

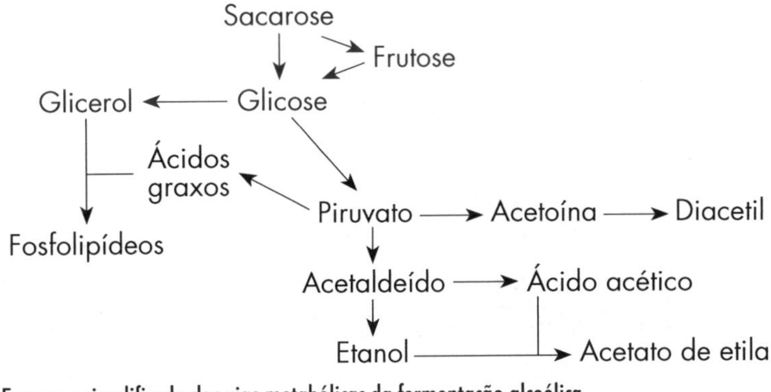

Figura 3 Esquema simplificado das vias metabólicas da fermentação alcoólica.

A fração volátil das aguardentes de cana está diretamente relacionada com a qualidade e a aceitação sensorial da bebida. Todas as etapas do processo de produção influenciam a composição qualitativa e quantitativa da fração volátil da bebida. Apesar de serem os principais componentes das aguardentes de cana, o etanol e a água pouco influenciam o sabor e o aroma. São os compostos secundários que determinam a percepção sensorial da aguardente. Os álcoois, os ésteres e os ácidos são os grupos de compostos que mais contribuem nesse sentido, seguidos pelos aldeídos, cetonas, acetais, compostos sulfurados e fenólicos.

Os álcoois são formados pela redução de aldeídos produzidos pela degradação de açúcares e aminoácidos. Os ésteres são formados principalmente por reações de esterificação, e os ácidos, por degradação de aminoácidos e pelo catabolismo de açúcares. Os aldeídos são formados por reações de oxidação de aminoácidos, álcoois ou ácidos graxos. A degradação térmica de açúcares forma furfural e 5-hidroximetilfurfural (HMF) mediante a desidratação de pentoses e hexoses, respectivamente.

Além do etanol, as aguardentes de cana também contêm metanol, composto considerado contaminante. Sua formação ocorre pela degradação da pectina das fibras da cana, quando o bagacilho está presente no caldo em fermentação sob condições ácidas. Os álcoois superiores, também conhecidos como "óleo fúsel", são os componentes mais abundantes entre os compostos secundários. Os principais são o álcool isoamílico (3-metilbutanol-1), o n-propanol (1-propanol) e o isobutanol (2-metilpropanol-1). O n-butanol (1-butanol) e o sec-butanol (2-butanol) são classificados como compostos contaminantes. A formação dos álcoois superiores está intimamente associada às condições de fermentação e à cepa de levedura utilizada. As temperaturas de fermentação acima de 32 °C, o pH abaixo de 4,0 e a presença de oxigênio estimulam a produção de álcoois superiores pelas leveduras. A degradação parcial de aminoácidos também leva à formação de álcoois superiores. A leucina e a valina são aminoácidos precursores de álcool isoamílico e isobutanol, respectivamente. A treonina é precursora de n-propanol e n-butanol (Figura 4). É comum as aguardentes produzidas por destilação em alambique apresentarem maior concentração de álcoois superiores do que as aguardentes produzidas por destilação em colunas. No processo contínuo de destilação em colunas os vapores alcoólicos normalmente atingem concentrações de etanol superiores a 60%, permitindo assim a separação parcial dos álcoois superiores que, nessas concentrações de etanol, tendem a se acumular na fase líquida da matriz líquido-vapor em destilação dentro da coluna.

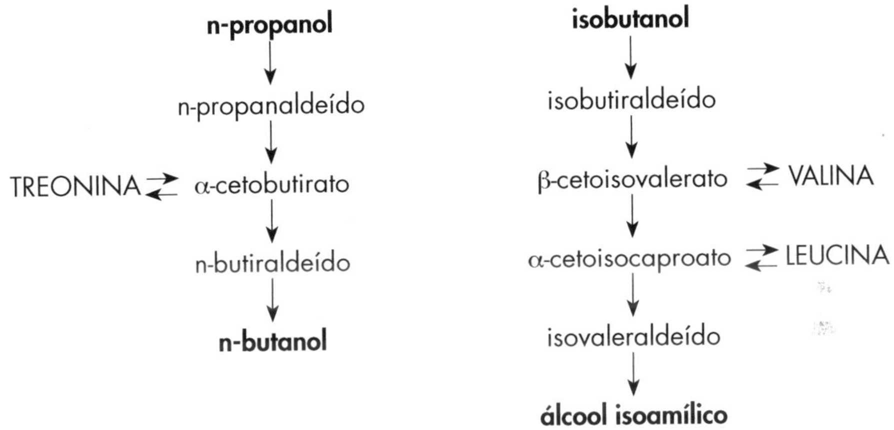

Figura 4 Vias de formação de álcoois superiores pela degradação parcial de aminoácidos.

Os ésteres influenciam ativamente o sabor e o aroma das aguardentes porque apresentam características aromáticas normalmente agradáveis e limiares de odor relativamente baixos. A formação intracelular de ésteres está associada às características metabólicas de cada cepa de levedura. O acetato de etila é o principal éster presente nas aguardentes, seguido pelo lactato de etila. Juntos, representaram cerca de 95% da quantidade total de ésteres da bebida. O ácido lático, precursor do lactato de etila, não é produzido pelas leveduras, estando associado ao desenvolvimento de bactérias láticas contaminantes da fermentação. É citado que o lactato de etila contribui positivamente para o sabor e o aroma das bebidas alcoólicas. As aguardentes produzidas por destilação em alambique normalmente apresentam maior concentração de ésteres em comparação às aguardentes produzidas por destilação em colunas contínuas. Isso acontece porque as reações de esterificação são catalisadas pelo cobre no ambiente aquecido da destilação. Assim, as aguardentes obtidas pela destilação em alambique apresentam notas odoríferas de "frutas" mais intensas, advindas principalmente dos ésteres de cadeia curta presentes na bebida.

O ácido acético é o ácido orgânico majoritário encontrado nas aguardentes de cana, perfazendo de 90% a 93% do conteúdo total de ácidos da bebida. Desempenha um papel importante na qualidade, pois quanto menor a acidez da bebida melhor a sua aceitação sensorial. A contaminação por bactérias acéticas favorece a formação de ácido acético. Além disso, a aeração do mosto durante a fermentação estimula a produção de ácido acético pelas leveduras a partir do açúcar metabolizado.

Os principais aldeídos presentes nas aguardentes de cana são o acetaldeído, o formaldeído e o propenaldeído (2-propenal, acroleína). A acroleína é formada pela desidratação do glicerol na etapa de fermentação do caldo da cana. O furfural e o HMF podem ser formados pela queima da palha da cana antes da colheita e pela pirogenação de açúcares residuais da fermentação durante a destilação do vinho. Os aldeídos também podem ser formados pela oxidação de álcoois superiores.

As principais cetonas associadas à aguardente de cana são a 2,3-butanodiona (diacetil) e a acetona. Os acetais são formados pela reação entre os aldeídos e os álcoois, levando à diminuição do odor pungente da bebida decorrente da presença de aldeídos.

O carbamato de etila (éster de ácido carbâmico) é um composto potencialmente carcinogênico, normalmente presente em bebidas destiladas. Diversos países adotam uma legislação específica para controlar a presença desse contaminante nas bebidas alcoólicas. Os precursores da formação de carbamato de etila são: ureia, citrulina, N-carbamil fosfatos e cianeto. A ureia, que pode estar presente no caldo de cana ou ter sido indevidamente adicionada ao mosto, reage com o etanol formando uretana, que é o carbamato de etila. A degradação de arginina por leveduras leva à formação de ureia, a qual pode reagir com o etanol e formar o contaminante. O íon cianeto é formado pela degradação enzimática de glicosídeos cianogênicos presentes na cana-de-açúcar. O cianeto pode ser oxidado a cianato, o qual, reagindo com o etanol na presença do íon cobre, forma o carbamato de etila. Esta é tida como a principal via de formação de carbamato de etila em aguardentes. No entanto, também é importante salientar que bactérias láticas, contaminantes microbiológicos frequentes no processo de produção, metabolizam o aminoácido arginina, formando citrulina, um composto precursor da formação de carbamato de etila na bebida.

O cobre é "arrastado" pelo destilado durante o processo de destilação em equipamentos feitos de cobre. As contaminações por chumbo e arsênio podem ocorrer devido ao material de construção e solda dos equipamentos ou pelo solo e pela água.

Os hidrocarbonetos policíclicos aromáticos (HPAs) são substâncias com potencial carcinogênico formadas pela combustão parcial e pirólise de matéria orgânica. A aguardente pode ser contaminada com HPAs pela queima da cana para a colheita; pela maturação da bebida em tonéis de madeira aos quais se aplicou a queima na sua confecção; ou pela adição de caramelo para corrigir a cor das bebidas envelhecidas. Dezesseis HPAs já foram identificados em aguardente de cana: naftaleno, fenantreno, acenaftaleno, criseno e fluoranteno são os mais encontrados. As aguardentes produzidas a partir de canas queimadas apresentam concentração de HPAs de 2 a 3 vezes maior que aguardentes fabricadas com canas não queimadas (Riachi et al., 2014).

Veja a seguir a estrutura química dos principais compostos secundários dentro de cada grupo funcional.

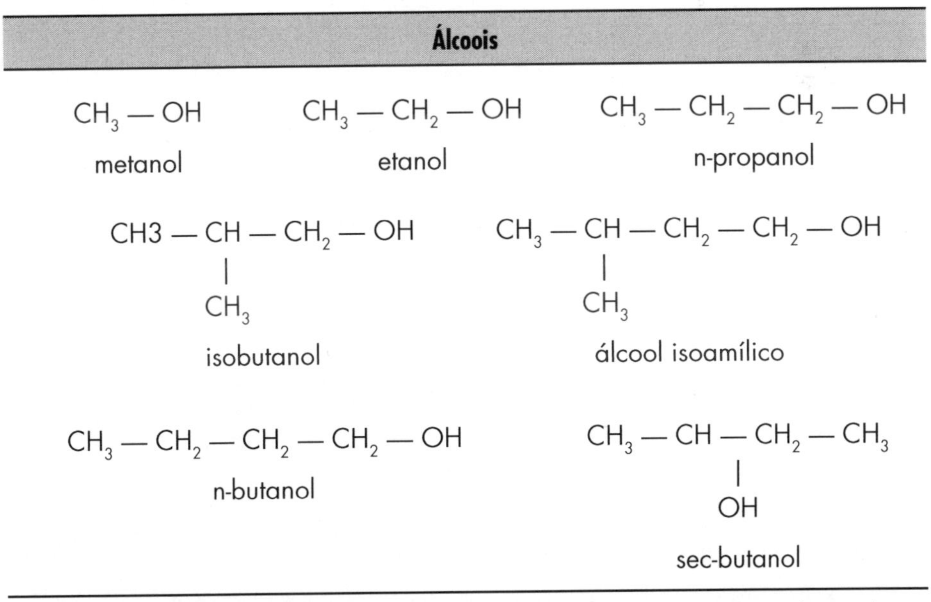

Figura 5 Estrutura química dos principais compostos secundários encontrados nas aguardentes. *(continua)*

Ésteres

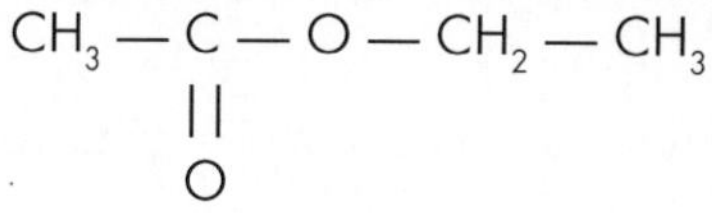

acetato de etila

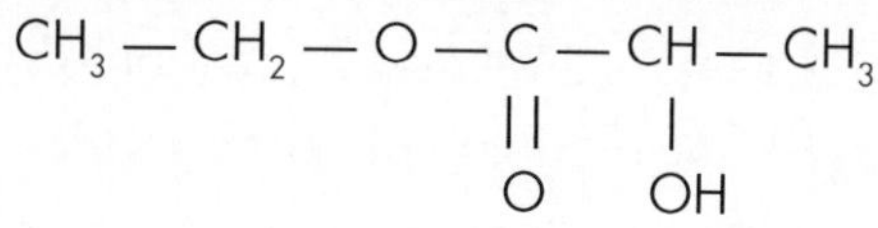

lactato de etila

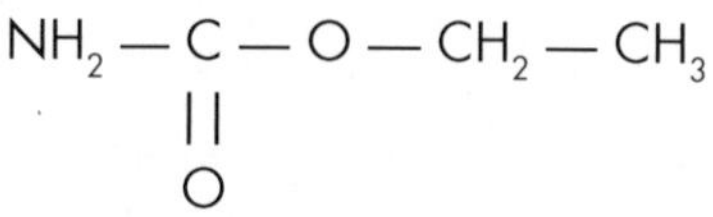

carbamato de etila

Ácido orgânico

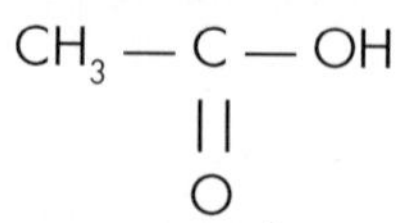

ácido acético

Aldeídos

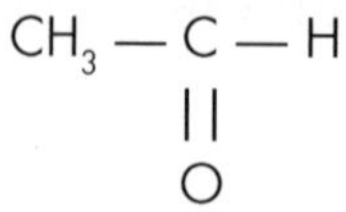

acetaldeído

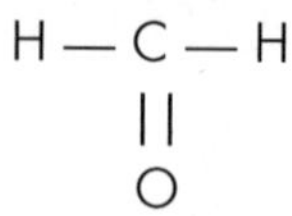

formaldeído

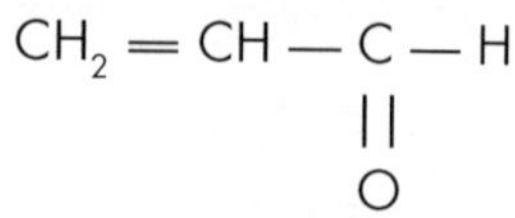

propenaldeído

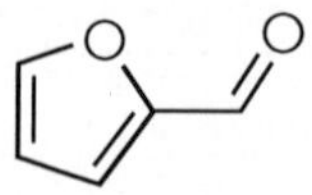

furfural

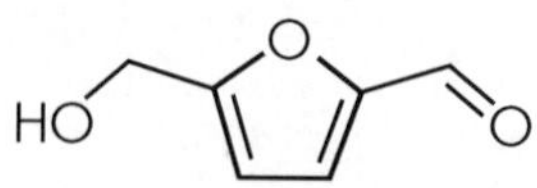

5-hidroximetilfurfural

Acetonas

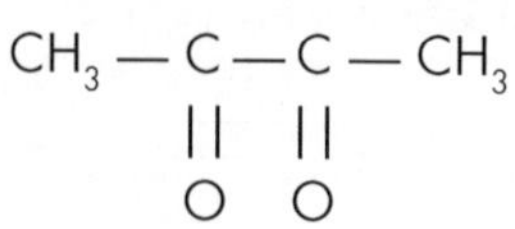

2,3-butanodiona

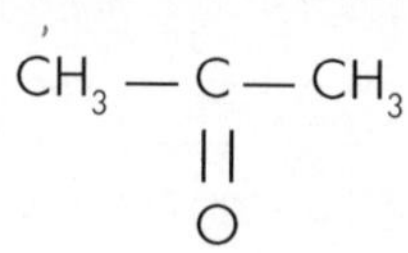

acetona

Figura 5 Estrutura química dos principais compostos secundários encontrados nas aguardentes. *(continuação)*

4 CAPÍTULO

Qualidade química da cachaça/aguardente nacional

A qualidade da aguardente de cana ou cachaça está atrelada a dois fatores: à composição química que não cause risco à saúde dos consumidores e às características sensoriais agradáveis ao consumo.

Analisando 268 amostras de aguardente de cana ou cachaça de diferentes regiões do Brasil, Bortoletto & Alcarde (2015) observaram grandes variações na composição química das aguardentes nacionais (Tabela 3). Essas variações residiram principalmente na concentração dos congêneres, produtos secundários responsáveis pelo aroma e sabor do produto. Observando os desvios-padrão dos componentes das aguardentes analisadas, pode-se notar que há uma grande variação na concentração dos componentes da bebida, o que indica que a aguardente de cana brasileira e a cachaça apresentam uma grande variabilidade de composição química entre as marcas produzidas.

Tabela 3 Concentração (média ± desvio-padrão) dos congêneres voláteis e dos contaminantes em 268 amostras de aguardente de cana ou cachaça, comparados aos respectivos limites legais estabelecidos pela legislação brasileira (Brasil, 2005).

Composto	Média ± desvio-padrão	Limite legal
Teor alcoólico[a]	42,08 ± 3,57	38–48e ou 38–54f
Congêneres voláteis		
Acidez volátil (em ácido acético)[b]	88,18 ± 61,86	<150
Aldeídos (em aldeído acético)[b]	14,46 ± 8,20	<30
Ésteres (em acetato de etila)[b]	36,67 ± 40,47	<200
Furfural + Hidroximetilfurfural[b]	0,52 ± 0,95	<5
n-propanol[b]	64,35 ± 42,68	
isobutanol[b]	60,14 ± 24,12	
Álcool isoamílico[b]	193,28 ± 73,31	
Álcoois superiores[b]	305,03 ± 102,85	<360
Coeficiente de congêneres[b]	440,86 ± 123,29	200–650
Contaminantes		
Metanol[b]	7,16 ± 5,44	<20
2-butanol[b]	8,64 ± 25,46	<10
n-butanol[b]	2,01 ± 7,16	<3
Cobre[c]	3,14 ± 3,17	<5
Carbamato de etila[d]	221,17 ± 224,30	<210

[a] % etanol (v/v) a 20°C; [b] mg/100 mL de álcool anidro; [c] mg/L; [d] μg/L; [e] para cachaça; [f] para aguardente de cana.

Vargas e Glória (1995) também observaram que 65% de 511 amostras de aguardentes do estado de Minas Gerais não atenderam aos padrões estabelecidos na legislação nacional. Stupiello (1992) também já tinha constatado que as aguardentes produzidas no Brasil apresentavam considerável variação nas suas composições químicas.

Segundo Vargas e Glória (1995), os parâmetros associados ao não atendimento aos padrões oficiais de identidade e qualidade da bebida foram: acidez volátil, cobre, ésteres e álcoois superiores. No estudo de Stupiello (1992), os componentes que mais apresentavam variação entre as aguardentes produzidas no Brasil foram o teor alcoólico e a concentração dos congêneres. Analisando 100 amostras de aguardente, Miranda et al. (2007) também observaram variações significativas na composição química das aguardentes. Essas variações residiram principalmente na concentração de álcoois superiores, aldeídos e cobre, seguidos por grau alcoólico, acidez volátil, teor de congêneres e ésteres.

Na pesquisa conduzida por Bortoletto & Alcarde (2015), os componentes relacionados ao não atendimento aos padrões legais de identidade e qualidade da aguardente foram os contaminantes (carbamato de etila, cobre, n-butanol e sec-butanol), álcoois superiores e acidez volátil. Esses mesmos parâmetros, com a inclusão dos ésteres e do coeficiente de congêneres, foram os que apresentaram maior variabilidade de concentração entre as aguardentes analisadas (Tabela 3). Do total de amostras analisadas (268), 50,7% não atenderam aos padrões de identidade e qualidade estabelecidos para a bebida. Esses resultados indicam que os produtores ainda enfrentam dificuldade em adotar as Boas Práticas de Fabricação (BPF) para a produção dessas bebidas no sentido de garantir a qualidade e a padronização.

Apesar dos obstáculos citados pelos produtores como entraves à exportação serem a taxação nos mercados americano e europeu, a falta de marketing e de uma rede de distribuição adequada, na verdade os gargalos do processo de aceitação da cachaça brasileira no mercado exterior são a má qualidade e a falta de padronização da bebida produzida. A sua composição química muitas vezes não está adequada aos padrões internacionais de qualidade exigidos para bebidas destiladas.

Assim, revestem-se de importância as pesquisas que procuram estabelecer uma metodologia padrão para o processo de produção da aguardente de cana e da cachaça, que culminem na elaboração de bebidas destiladas padronizadas, com qualidade química e sensorial semelhante às outras bebidas destiladas mundialmente conhecidas.

O teor de etanol de 60 amostras de cachaça comercializadas na cidade de São Paulo variou de 34,7% a 46,9%, e em dez delas (17%) a graduação alcoólica foi inferior ao limite mínimo estipulado (38% v/v). Sete dessas amostras (12%) apresentaram teores de álcoois superiores maiores do que o limite máximo previsto na legislação (Caruso et al., 2008).

Boscolo et al. (2000) observaram teor médio de metanol de 5,7 mg/100 mL de álcool anidro em amostras de aguardentes de cana, um valor bem abaixo do máximo permitido pela legislação brasileira (20 mg/100 mL de álcool anidro). Devido à cana-de-açúcar apresentar baixo teor de pectina, normalmente as concentrações de metanol em aguardentes também são relativamente baixas, raramente ultrapassando o limite máximo permitido.

Apenas duas de 21 amostras do sul de Minas Gerais apresentaram concentração de aldeídos acima do limite máximo permitido pela legislação brasileira (30 mg/100 mL de álcool anidro) (Vilela et al., 2007). Já o estudo realizado com as cachaças comercializadas na cidade de São Paulo (60 amostras) mostrou que 31 amostras apresentavam concentrações de acetaldeído superiores ao limite máximo estabelecido pela legislação (Caruso et al., 2008).

Nascimento et al. (1998), estudando cachaças comercializadas no mercado brasileiro, relataram que 20% das amostras excederam o valor máximo permitido pela legislação quanto à acidez volátil. Boscolo et al. (2000) observaram que 95% das amostras de cachaça analisadas apresentaram um conteúdo total de ésteres dentro do limite máximo estabelecido pela legislação (200 mg/100 mL de álcool anidro).

Os trabalhos indicam que a maioria das aguardentes e cachaças produzidas no Brasil apresenta concentração de carbamato de etila acima do limite máximo permitido, que é de 210 µg/L (Brasil, 2005). Boscolo (2001) analisou 84 cachaças de várias regiões do Brasil e encontrou valores de concentração de carbamato de etila variando de 42 a 5.589 μg/L, com média de 904 μg/L. Somente 16% das cachaças analisadas apresentaram concentrações de carbamato de etila abaixo de 210 μg/L.

Andrade-Sobrinho et al. (2002) verificaram que, em 126 amostras de cachaça (63 da região Sudeste, 39 da região Nordeste, 22 da região Sul e 2 da região Centro-Oeste), o teor de carbamato de etila variou de 13 a 5.700 μg/L, com média de 770 μg/L, sendo 930 μg/L para cachaças destiladas em coluna (69 amostras) e 630 μg/L para cachaças destiladas em alambique (34 amostras). Apenas 24% das amostras analisadas apresentaram teores menores que 210 μg/L.

Estudos recentes mostram que a concentração de carbamato de etila em aguardentes comerciais continua elevada, porém, a porcentagem delas que atendem à legislação tem aumentado. Baffa Júnior et al. (2007) analisaram o teor de carbamato de etila em 22 marcas de cachaça da Zona da Mata mineira e observaram concentrações variando de 5 a 12.376 μg/L, com média de 1.206 μg/L. Entre as 22 amostras analisadas, apenas quatro (18%) apresentaram concentração de carbamato de etila abaixo de 210 μg/L. Bruno et al. (2007) observaram que 65% de 34 amostras de cachaças coletadas de 28 produtores do Rio de Janeiro apresentaram concentrações de carbamato de etila abaixo do máximo permitido pela legislação brasileira (210 μg/L). Labanca et al. (2008) observaram que os teores de carbamato de etila em 71 amostras produzidas em Minas Gerais variaram de 33 a 2.609 μg/L, com média de 893 μg/L, sendo que apenas 9% das amostras apresentaram teores inferiores ao limite estipulado pela legislação. Nobrega et al. (2009), analisando 25 cachaças provenientes de 19 destilarias da Paraíba, verificaram que a concentração de carbamato de etila dessas cachaças variou de 55 a 700 μg/L, com média de 221 μg/L, estando 60% das amostras abaixo da concentração de 210 μg/L. Lachenmeier et al. (2010) compilaram 13 trabalhos sobre a ocorrência de carbamato de etila em cachaças do mercado brasileiro, envolvendo um total de 536 resultados analíticos, cuja média foi de 380 μg/L de carbamato de etila nas amostras. Nobrega et al. (2011), analisando 33 cachaças (13 de alambique e 20 de coluna) provenientes de 19 destilarias de Pernambuco, verificaram que a concentração de carbamato de etila dessas cachaças variou de 40 a 532 µg/L, sendo que 19 amostras (58%) estavam abaixo da concentração de 210 µg/L. Um trabalho recente também indicou que 58% das aguardentes brasileiras ou cachaças apresentaram concentração de carbamato de etila abaixo de 210 µg/L (Riachi et al., 2014).

CAPÍTULO 5

A cana-de-açúcar como matéria-prima para a produção de aguardente

A matéria-prima para a indústria de aguardente ou de cachaça é caracterizada como colmos de cana-de-açúcar em adequado estádio de maturação (Figura 6).

Figura 6 Canavial destinado à produção de matéria-prima para a produção de aguardente de cana. Crédito: Paulo Soares.

A composição química da cana é muito variável, em função das condições climáticas, das propriedades físicas, químicas e microbiológicas do solo, do tipo de cultivo, da variedade, do estágio de maturação e da idade da planta.

A cana é uma espécie de colmo ou haste, constituída de fibra e caldo com açúcares dissolvidos, que serão metabolizados pela levedura e convertidos majoritariamente em etanol e gás carbônico.

A fibra contém principalmente celulose, hemicelulose e lignina. O seu teor depende principalmente da variedade e da idade da planta, variando de 10% a 16% (com uma média de 13%). O caldo representa, portanto, de 84% a 90% do colmo (com média de 87%).

O caldo é constituído de água (75% a 82%; média de 80%) e de sólidos solúveis (18% a 25%; média de 20%). Os sólidos solúveis são agrupados em açúcares (18%) e não açúcares orgânicos (1%) e inorgânicos (1%). Os açúcares são representados principalmente pela sacarose, glicose e frutose. A sacarose, o principal componente, tem um valor médio de 17%, enquanto os demais, dependendo do estádio de maturação, 0,6% e 0,4% respectivamente, para a glicose e a frutose.

Os não açúcares orgânicos são constituídos por substâncias nitrogenadas (proteínas e aminoácidos), gorduras, ceras, ácidos (málico, succínico e aconítico) e pigmentos (clorofila e antocianina). Os não açúcares inorgânicos têm como componentes principais sílica, potássio, fósforo, cálcio, sódio, magnésio, ferro, cloro, alumínio e enxofre.

Todos os componentes do colmo de cana-de-açúcar têm sua importância específica no processo de produção da aguardente. Os açúcares são convertidos em etanol, a fibra (bagaço) pode ser queimada para a obtenção de energia (calor e vapor) ao próprio processo e os não açúcares orgânicos e inorgânicos são fontes de nutrientes e vitaminas para as células de levedura responsáveis pela fermentação alcoólica.

5.1. CULTIVO DA CANA-DE-AÇÚCAR

A cana-de-açúcar é uma planta tropical que se desenvolve bem em regiões de clima quente, com temperaturas variando de 18 °C a 35 °C.

Diversos fatores devem ser considerados na hora de implantar um canavial destinado à produção de matéria-prima para a fabricação de cachaça, tais como o potencial genético da planta (variedade) e a sua adaptabilidade ao ambiente; as condições físicas, químicas e biológicas do solo; as condições climáticas do local; os tratos culturais empregados (preparo do solo, aquisição de mudas, forma de plantio, controle de plantas daninhas, pragas e doenças).

5.1.1. Escolha da variedade e planejamento do canavial

É fundamental escolher as variedades de cana-de-açúcar que melhor se adaptem às condições edafoclimáticas da região. Deve-se procurar variedades que ofereçam alto teor de sacarose, fácil despalha, resistência ao tombamento, baixo teor de fibras, resistência às principais pragas e doenças e boa produção por hectare. Em geral, as variedades indicadas para a produção de açúcar e álcool também são indicadas para a produção de cachaça.

O desenvolvimento de variedades de cana-de-açúcar é realizado em centros de pesquisa mediante hibridações interespecíficas em bancos de germoplasma. A Ridesa Brasil (Rede Interuniversitária para o Desenvolvimento do Setor Sucroenergético) desenvolve as variedades de sigla RB (República do Brasil), as quais estão sendo atualmente cultivadas em aproximadamente 65% da área com cana-de-açúcar no país. O Centro de Tecnologia Canavieira (CTC) é responsável pelo desenvolvimento das variedades de sigla CTC, e, no passado, com a denominação Copersucar, desenvolveu as variedades de sigla SP (São Paulo). As variedades SP ocupam atualmente 16% da área cultivada com cana no Brasil, e as variedades CTC são cultivadas em 14% da área. As variedades com sigla IAC (Instituto Agronômico de Campinas) ocupam 2% da área de cultivo com cana-de-açúcar no país.

No planejamento do canavial deve-se também levar em consideração a maturação das variedades. Tal como a produtividade dos colmos, a maturação também é influenciada pelas condições edafoclimáticas (clima, relevo, temperatura, umidade do ar, radiação solar, tipo de solo, quantidade de vento e precipitação pluvial). De maneira geral, a cana-de-açúcar requer de 6 a 8 meses de temperaturas elevadas, radiação solar intensa e precipitações regulares, e mais 4 a 6 meses de estação seca e/ou baixas temperaturas, condições benéficas ao acúmulo de sacarose.

A maturação é o processo fisiológico de transporte e armazenamento da sacarose nas células parenquimatosas dos colmos. A concentração de açúcares é maior no sentido da base ao ápice e da parte externa (casca) para a parte interna. Quanto à maturação, as variedades podem ser classificadas da seguinte forma:

a) *variedades precoces:* apresentam maturação no início da safra. O teor máximo de açúcar é alcançado de maio a junho. Exemplos: SP80-1842, RB85-5156, RB85-5453, CTC-5.

b) *variedades médias:* apresentam maturação no meio da safra. O teor máximo de açúcar é alcançado de julho a setembro. Exemplos: SP81-3250, SP83-2847, RB85-5536, CTC-8.

c) *variedades tardias:* apresentam elevado teor de sacarose ao final do período de safra (outubro a dezembro). Exemplos: SP71-1406, RB86-7515 (média tardia), RB83-5089, CTC-6.

Um detalhe que não deve ser esquecido pelo produtor é a época da safra. Se um produtor pretende produzir aguardente durante toda a safra, deve plantar variedades com ciclos de maturação diferentes, que cubram todo o período; ou seja, precoce (colhidas em maio/junho), média (colhidas em julho/agosto/setembro) e tardia (colhidas em outubro/novembro/dezembro), para obter sempre uma matéria-prima com bons índices de maturação. O uso de variedades de ciclos de maturação diferentes é essencial para a produção de cachaça com rendimentos satisfatórios e maior lucratividade. As variedades podem ser distribuídas em: 20% para as precoces, 60% para as médias e 20% para as tardias.

5.1.2. Plantio

Tradicionalmente, as épocas de plantio empregadas na região Centro-Sul do Brasil são:

a) *cana de ano e meio ou 18 meses:* plantio realizado de janeiro a março, sendo que a colheita ocorre a partir de maio do ano seguinte, compreendendo um ciclo de desenvolvimento de 14 a 18 meses.

b) *cana de ano ou 12 meses:* o plantio é realizado de outubro a novembro, e a colheita ocorre geralmente de setembro a novembro, compreendendo de 10 a 14 meses para o desenvolvimento.

A cana se adapta bem a diversos tipos de solos, desde que preencham as quatro funções básicas: suprimento de ar, de água, de nutrientes e suporte. Embora a cana-de-açúcar se desenvolva bem em solos arenosos, ela prefere solos profundos, argilosos, com boa fertilidade e boa capacidade de retenção de água. Apesar da exigência em água (1.200 mm anuais), a cultura não se desenvolve bem em solo muito úmido. Trata-se de uma gramínea com boa rusticidade e certa tolerância à acidez do solo, cujo pH deve estar entre 5,5 e 6,5. A necessidade de correção da acidez e da suplementação com adubo deve ser verificada no momento do plantio, mediante análises laboratoriais do solo. Essas análises permitem calcular a quantidade ideal de calcário e adubo para preparar o solo e plantar a cana. Como referencial de adubação de plantio (no sulco) pode-se usar a quantidade de 400 a 600 kg/ha de adubo (com relação N-P-K 4-20-20) para a cana planta e de 400 a 500 kg/ha de adubo (com relação N-P-K 20-5-20) para a cana soca (cana que rebrota a partir do primeiro corte).

O bom preparo do solo compreende aração e gradagem e assegura um melhor desenvolvimento das plantas, facilitando os trabalhos seguintes: de sulcamento, plantio, adubação e tratos culturais.

As arações devem ser profundas, principalmente nos solos argilosos, para facilitar o desenvolvimento do sistema radicular. As arações rasas promovem o desenvolvimento de um sistema radicular superficial, predispondo a cana ao tombamento. Recomenda-se incorporar os restos da cultura anterior para diminuir a compactação do solo. A gradagem visa a eliminar os torrões do solo, tornando a superfície mais uniforme.

Antes da abertura dos sulcos, deve-se considerar o espaçamento e a profundidade. Ao usar espaçamentos menores, a produção é ligeiramente maior. A cana fecha mais depressa, havendo economia nos tratos culturais para combater plantas invasoras. A desvantagem de usar espaçamentos menores está na maior dificuldade do cultivo com equipamentos mecânicos, da adubação da soca e do enleiramento do palhiço. Recomenda-se um espaçamento entre 1,30 a 1,50 m entre os sulcos e profundidade de 20 a 30 cm. O sulcamento deve ser realizado em curva de nível, com declive suave e uniforme.

As mudas devem ser adquiridas de viveiros idôneos, geralmente viveiros de usinas e destilarias ou de instituições de ensino e pesquisa, a fim de obter um material sadio, de alto vigor e alta pureza varietal. Na impossibilidade disso, é recomendável retirar mudas de canaviais de 1º corte, bem desenvolvidos e aparentemente sadios, com idade de aproximadamente 12 meses.

O custo para a obtenção de mudas de variedades selecionadas em viveiros devidamente credenciados é mais elevado, porém esse valor pode ser reduzido se o produtor puder programar o plantio do seu canavial. Se o plantio puder ser feito com pelo menos um ano de antecedência, o produtor poderá reduzir a 10% o custo de implantação do canavial. Por exemplo, se o produtor precisar de 20 hectares de cana para abastecer a capacidade do seu alambique, poderá plantar 2 hectares com as mudas compradas e no ano seguinte retirar mudas dessa área para plantar os 20 hectares necessários à sua produção de cachaça.

A quantidade média de mudas necessárias ao plantio é de 10 t/ha. Os colmos que servirão de mudas podem ser colocados inteiros no sulco, sendo duplos e em sentidos contrários, isto é, dois colmos paralelos e alinhados à ponta de um com o pé do outro. Depois, são cortados em toletes de três gemas, tendo pelo menos 12 gemas viáveis por metro de sulco. Recomenda-se retirar a palha da cana para facilitar a germinação. As ferramentas usadas no corte dos toletes devem ser desinfetadas para evitar contaminação e doenças transmitidas por vírus. Quando as mudas são de boa qualidade, não é necessário utilizar colmos duplos no plantio.

É necessário cortar a cana em toletes dentro do sulco porque as gemas da ponta tendem a brotar mais rapidamente que as do pé, e os hormônios de crescimento que se formam nas gemas brotadas inibem a brotação das gemas subsequentes, caso o colmo esteja inteiro no solo.

A cobertura dos toletes com terra pode ser feita com implementos apropriados ou manualmente, com enxadas. Nessa operação, colocam-se de 5 a 10 cm de terra sobre os toletes e realiza-se uma leve compactação, para favorecer a emergência e o enraizamento.

Recentemente foi desenvolvido pelo IAC um novo sistema de plantio de cana, que utiliza mudas pré-brotadas (MPB) em substituição ao sistema de plantio convencional. São relatadas como vantagens do sistema MPB a redução na quantidade de colmos necessária para a formação das mudas, o elevado padrão de fitossanidade e vigor das plantas e a melhor uniformidade de plantio.

5.1.3. Tratos culturais

Os tratos culturais englobam as operações realizadas após o plantio (tratos culturais da cana planta) ou após as colheitas (tratos culturais da cana soca). O objetivo é controlar as plantas invasoras, realizar a adubação complementar e cultivar o solo, visando à aeração e retenção da umidade.

A cana-de-açúcar é sensível à competição com plantas invasoras, principalmente nos primeiros três meses do seu desenvolvimento. Nos plantios de cana de ano e meio, efetuados de janeiro a março, geralmente são suficientes três a quatro capinas, pois com a entrada do inverno as plantas daninhas não se desenvolvem tanto. Com o início das chuvas, a cana logo fecha as entrelinhas, havendo necessidade de apenas mais uma capina ou repasse.

A capina pode ser realizada de diversas maneiras: manual (enxada), mista (mecânica e manual), unicamente mecânica, ou utilizando herbicidas seletivos ou não, aplicados em pré ou pós-emergência da cultura e/ou das plantas invasoras. Qualquer que seja o sistema utilizado, deve-se evitar o aterramento dos sulcos para não prejudicar o brotamento das soqueiras.

Após o corte, as soqueiras brotam novamente, constituindo novas touceiras. Essas soqueiras devem ser submetidas aos mesmos tratos culturais da cana planta. A cana crua cortada deixa um grande volume de palhiço remanescente no canavial, que deve ser enleirado em entrelinhas alternadas.

A adubação da cana soca deve ser feita na linha, com adubo não volátil, ou nas entrelinhas, incorporando-o ao solo mediante escarificação superficial. O número de capinas necessárias na cana soca é menor (duas a três), pois a touceira de cana se forma mais rapidamente.

CAPÍTULO 6

Processo de produção

O processo de produção de cachaça visa obter uma bebida de qualidade. Todas as etapas têm a sua importância no processo, e as boas práticas de fabricação, conforme descritas por Souza et al. (2013), são fundamentais para atingir esse objetivo.

Na indústria, a cana-de-açúcar é moída, separando-se o caldo do bagaço. O caldo é peneirado, decantado para a separação do bagacilho e diluído para ajustar a concentração de sólidos solúveis (Brix), passando a se chamar mosto. O mosto é fermentado pela ação de leveduras (fermento). Em seguida, o mosto fermentado, chamado de vinho, é destilado, procedendo-se à separação das frações "cabeça", "coração" e "cauda". A fração "coração", que dará origem à cachaça ou aguardente de cana, pode ser armazenada ou envelhecida (Figura 7).

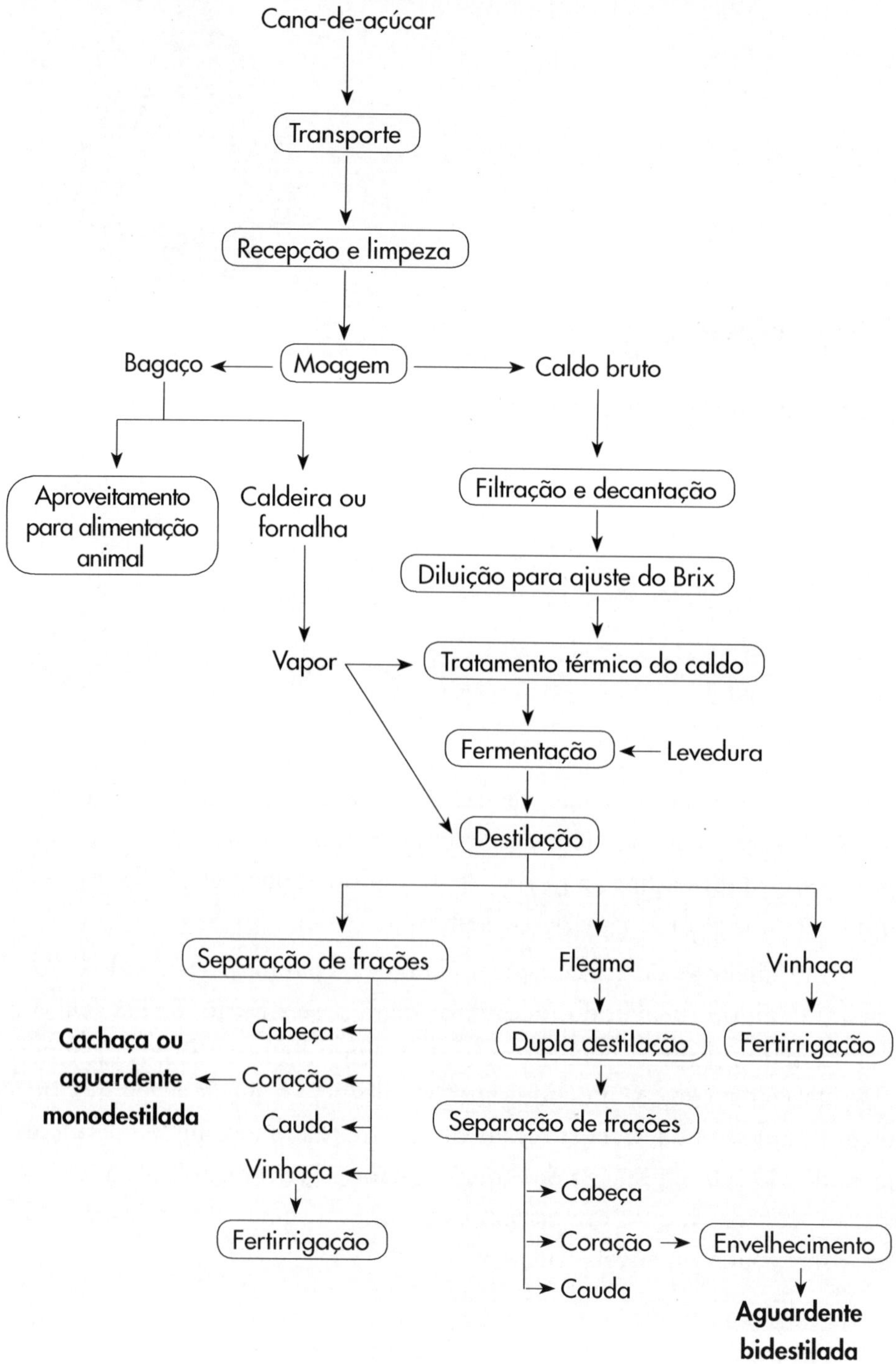

Figura 7 Fluxograma da cadeia produtiva de cachaça e aguardente de cana.

6.1. PREPARO DO MOSTO

A colheita e o transporte da cana-de-açúcar visa entregar uma matéria-prima de qualidade tecnológica à indústria, contribuindo assim para a produção de uma bebida de qualidade. Os colmos de cana devem ser despontados e cortados bem rente ao solo para evitar brotações aéreas na cana soca. Tanto no corte manual como no mecânico, a limpeza é fundamental para se obter um caldo rico em açúcar e livre de impurezas.

A região apical da cana apresenta menor concentração de açúcares e, consequentemente, maior teor relativo de fibras. O processamento de ponteiros de cana pode acarretar o "embuchamento" das moendas, além de fornecer ao caldo uma maior quantidade de ácidos orgânicos e microrganismos contaminantes prejudiciais à fermentação alcoólica.

A queima dos canaviais, prática que facilita a colheita, é prejudicial à qualidade da matéria-prima, pois acelera a sua deterioração tecnológica (inversão da sacarose) e microbiológica (contaminação interna devido às rachaduras do colmo ocasionadas pelo calor da queima). A qualidade do destilado também decai, pois este pode apresentar maiores concentrações de furfural e hidroximetilfurfural, hidrocarbonetos policíclicos aromáticos (HPAs) e metanol, compostos contaminantes.

Estabelecer a época ideal da colheita baseando-se na maturação é importante para o rendimento do processo industrial. O planejamento e o acompanhamento das variedades plantadas (precoces, médias ou tardias) e as técnicas que mensuram o índice de maturação determinam a época ideal de colheita . Para as canas serem cortadas, devem apresentar teor de sacarose aparente (Pol) de no mínimo 14.

Para minimizar as deteriorações fisiológicas do colmo e o desenvolvimento de microrganismos contaminantes, a cana deve ser moída até no máximo 24 horas após a colheita. A moagem visa à extração do caldo existente nos colmos. As moendas são basicamente constituídas por três rolos, cujo centro dos eixos estabelece o desenho de um triângulo escaleno. As canas, inteiras ou preparadas por picadores e desintegradores, são introduzidas pela abertura de entrada (entre os rolos superior e anterior), e submetidas ao primeiro esmagamento. A entrada da cana picada na moenda pode ser auxiliada por um rolo de pressão instalado sobre o rolo de entrada, ou por um reservatório de cana picada, chamado Donnelly. Após o primeiro esmagamento, a massa de cana é conduzida com o auxílio da bagaceira ao segundo esmagamento (entre os rolos superior e posterior) (Figura 8).

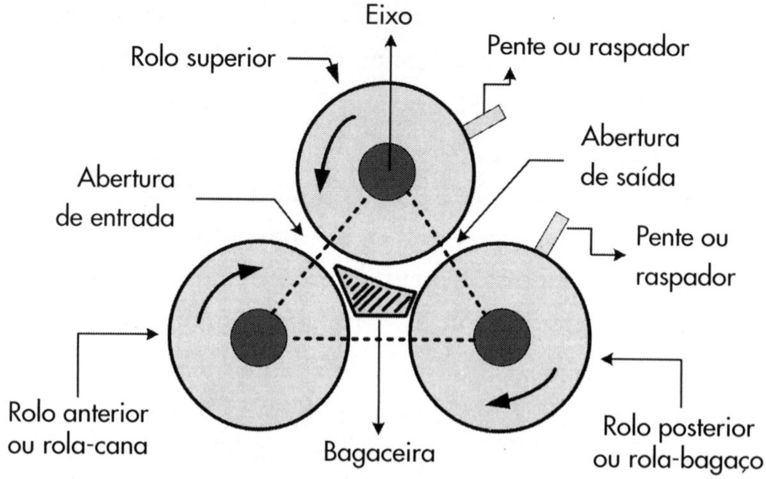

Figura 8 Constituição esquemática de um terno de moenda.

Os pequenos produtores de cachaça realizam a extração do caldo da cana em uma única moenda, com alimentação manual de canas inteiras. Nesse caso, a eficiência da extração é de apenas 60% a 65%, isto é, 35% a 40% do caldo contido nos colmos de cana fica remanescente no bagaço. Na sequência, o caldo extraído deve ser peneirado para separar os resíduos de bagaço e as folhas provenientes da matéria-prima e depois decantado, para que as partículas sólidas mais densas (areia e terra), remanescentes no caldo filtrado, se desloquem para o fundo do decantador e o bagacilho, menos denso que o caldo, fique retido na parte superior das aletas do tanque decantador (Figura 9).

Os grandes produtores utilizam uma sequência de até quatro ternos de moenda para a extração do caldo, sendo que o bagaço recebe embebição (adição de água e/ou caldo diluído) entre um terno e outro para resgatar o açúcar retido em suas fibras, aumentando assim a eficiência de extração para até 95%. Em seguida, o caldo extraído passa por peneiras fixas, rotativas ou vibratórias, e decantadores, para a separação das partículas sólidas em suspensão no caldo.

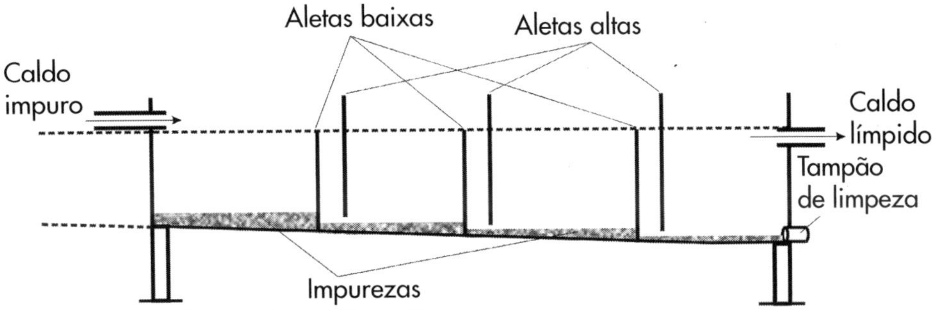

Figura 9 Esquema do decantador de caldo extraído.

A presença de areia e terra no caldo extraído causa o desgaste dos equipamentos e tubulações, e os resíduos de bagaço e as folhas podem ser fonte de contaminação microbiológica do mosto, além de serem precursores da formação de furfural e metanol durante o processo de produção da aguardente.

O caldo extraído da cana colhida no ponto ideal de maturação normalmente apresenta concentração de sólidos solúveis (Brix) entre 20 e 22. O grau Brix ideal do mosto para fermentação é de 16 a 18. Assim, quando necessário, o caldo extraído deve ser diluído em água potável e declorada para que seu Brix fique dentro da faixa ideal para fermentação. Os tanques diluidores de caldo devem ser instalados entre o decantador e as dornas de fermentação (Figura 11).

Os caldos com elevada concentração de açúcares são prejudiciais à atividade fermentativa das leveduras, além de poder acarretar fermentações lentas e incompletas, ocasionando a redução do rendimento industrial. Por outro lado, os caldos com baixa concentração de açúcares proporcionam um ambiente mais favorável ao desenvolvimento de microrganismos contaminantes e resultam em maior consumo de vapor e de água de resfriamento no processo de destilação, além de gerar um maior volume de vinhaça.

O pH do caldo extraído de canas maduras e sadias varia entre 5,4 e 5,8, e a acidez total deve estar entre 2,5 e 3,0 g de H_2SO_4 por litro de caldo. O caldo de cana normalmente contém todos os nutrientes necessários para o desenvolvimento das leveduras. Se necessário, a adição de 0,1 g/L de superfosfato e sulfato de amônio auxilia a boa ação do fermento. As leveduras são capazes de sintetizar as vitaminas de que necessitam para o bom desempenho do seu metabolismo.

Visando a uma melhor qualidade química e microbiológica, o caldo deve ser submetido a um tratamento térmico, que consiste em aquecê-lo a temperaturas entre 70 °C e 100 °C, com posterior resfriamento natural em tanque apropriado. O tratamento térmico visa a reduzir a carga microbiana contaminante e eliminar, por decantação durante o resfriamento, os coloides floculados, proporcionando fermentações mais assépticas, limpas e rápidas. Quando se emprega fermento selecionado para a fermentação do mosto, o tratamento térmico é indispensável para eliminar as leveduras nativas presentes no caldo, oriundas da matéria-prima. Dessa forma, o tratamento térmico do caldo possibilita a prevalência da levedura selecionada inoculada durante os ciclos de fermentação (Figura 10).

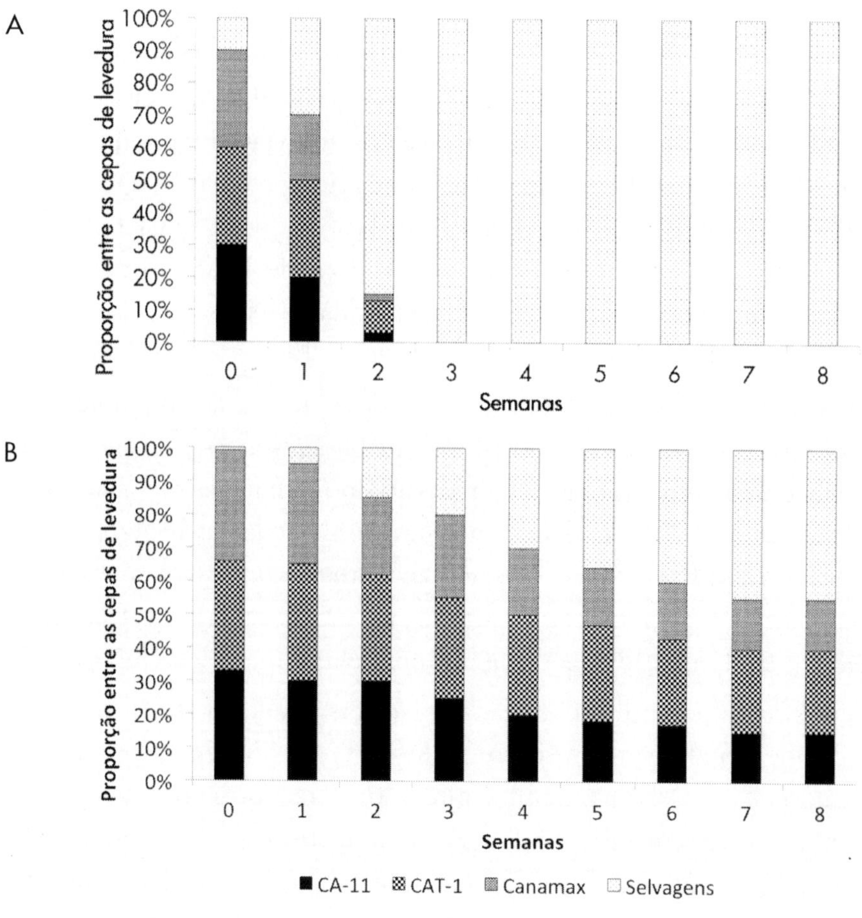

Figura 10 Permanência e dominância de leveduras selecionadas e selvagens durante 8 semanas de processo industrial de produção de aguardente de cana sem (A) e com (B) tratamento térmico do mosto.

As etapas do preparo do caldo até a obtenção do mosto estão ilustradas na Figura 11, e os equipamentos necessários, na Figura 12. O mosto é definido como todo o líquido açucarado passível de sofrer fermentação.

Corte e transporte da cana
↓
Recebimento e armazenamento
↓
Preparo da cana para moagem
↓
Moagem
↓
Pré-filtração do caldo
↓
Decantação
↓
Ajuste do Brix
↓
Tratamento térmico do caldo

Figura 11 Etapas do preparo do caldo para a produção de aguardente.

Figura 12 Setor de extração e preparo do caldo da minidestilaria da Escola Superior de Agricultura "Luiz de Queiroz" da Universidade de São Paulo (ESALQ/USP): moenda, decantador, diluidor de caldo, trocador de calor e tanque pulmão. Crédito: Gerhard Waller, da Assessoria de Comunicação da ESALQ (ACOM/ESALQ).

6.2. FERMENTAÇÃO DO MOSTO

A fermentação alcoólica para a produção de aguardente é realizada por leveduras da espécie *Saccharomyces cerevisiae*. Esses microrganismos se desenvolvem naturalmente na superfície dos colmos, nas folhas, no solo e no ar. No Brasil, essas cepas têm sido objeto de estudos detalhados com o objetivo de: (1) caracterizar as floras microbianas dominantes de cada região e seu efeito sobre a qualidade da cachaça; (2) selecionar cepas resistentes às condições de processo e produtoras de compostos secundários desejáveis para a qualidade da bebida e (3) disponibilizar as cepas selecionadas aos produtores de aguardente.

6.2.1. Fermento

Antes de iniciar o processo de fermentação, é necessário adicionar uma suspensão inicial de leveduras nas dornas de fermentação, que deve apresentar determinadas características para garantir a produtividade fermentativa. Essa massa de células utilizada para iniciar o processo fermentativo denomina-se pé-de-cuba ou fermento.

O fermento deve apresentar alta velocidade de fermentação, tolerância ao álcool produzido, baixa produção de espuma, resistência à acidez e à temperatura elevada, alta viabilidade durante os reciclos fermentativos e estabilidade genética.

Os fermentos mais empregados na prática são: *fermentos naturais* (caipira), *fermentos prensados* (de panificação), *fermentos mistos* (caipira + prensado) e *fermentos secos* (selecionados).

Fermento natural, selvagem ou caipira: é constituído por células de leveduras que já estão naturalmente adaptadas ao ambiente de cultivo da cana e de produção da aguardente. São encontradas nas superfícies dos colmos, na bainha das folhas e no solo da cultura e chamadas leveduras naturais, nativas ou selvagens. O fermento caipira resume-se ao aproveitamento das leveduras naturais do caldo de cana, multiplicadas por tratamento de estímulo à ativação e crescimento.

O preparo desse tipo de fermento é feito com uma mistura de caldo de cana, farelo de arroz, fubá ou farelo de soja, e um pouco de suco de limão ou laranja azeda. Lima (1999) descreve detalhadamente a maneira ideal de se preparar o fermento caipira. O caldo de cana é a fonte inicial das leveduras; o fubá e os farelos são fontes de vitaminas para seu desenvolvimento; e o suco de limão faz o pH da mistura baixar. Há adições diárias de caldo de cana no período de cinco a sete dias para propiciar o desenvolvimento das células de levedura mediante fermentação espontânea, para a formação do pé-de-cuba. No entanto, apesar da predominância da levedura *Saccharomyces cerevisiae*, bactérias e outras espécies de levedura naturalmente presentes no caldo também se desenvolvem no fermento preparado. Por causa dessa diversidade de microrganismos, este tipo de fermento pode produzir fermentações inconstantes e de difícil controle, prejudicando a qualidade da cachaça.

Fermento prensado: conhecido como fermento de panificação, é constituído por uma massa sólida com um aglomerado de células de levedura da espécie *Saccharomyces cerevisiae*. É preparado por suspensão de 20 a 50 gramas de fermento por litro de mosto. O ideal é iniciar o processo com um mosto diluído a 8-10 Brix e a 30-32 °C. Em alimentações sucessivas, quando o Brix do mosto em fermentação se reduzir pela metade, é hora de adicionar uma nova carga de mosto. A cada nova alimentação o Brix do mosto deve ser gradualmente aumentado, até atingir um grau de 16-18, para se obter o volume final do pé-de-cuba desejado, que deve ocupar de 20% a 30% do volume útil da dorna. Em seguida, a dorna é completada com o mosto e a fermentação inicia-se, conforme o sistema de trabalho utilizado na unidade de produção.

A vantagem do fermento prensado é a facilidade de preparo do volume desejado de fermento. As desvantagens são: a baixa tolerância a altos teores alcoólicos e a temperaturas elevadas e a baixa competitividade frente aos demais microrganismos presentes no mosto.

Fermento misto: trata-se de uma associação das metodologias utilizadas para a produção do pé-de-cuba via fermentação espontânea (fermento caipira ou selvagem) com o fermento prensado. É preparado acrescentando-se à massa de caldo, farelo, fubá e suco de limão de 10 a 20 gramas de fermento prensado por litro. Assim, cria-se um ambiente propício àquele microrganismo que melhor se adaptar às condições do meio em fermentação. Esse sistema é adotado por muitos produtores de cachaça em diversas regiões brasileiras.

Fermento seco (selecionado): trata-se dos fermentos selecionados para a produção de cachaça disponíveis no mercado. O fermento selecionado consiste de cepas de levedura isoladas do processo de produção de aguardente que apresentaram características favoráveis em testes de laboratório quanto ao rendimento e à produtividade fermentativa, tolerância à temperatura, acidez e teores alcoólicos e quanto à qualidade química e sensorial do vinho produzido. O protocolo de preparo desse tipo de fermento encontra-se ilustrado nas embalagens dos produtos à venda. Geralmente são necessários 500 gramas de fermento para iniciar o processo de produção de uma dorna de mil litros úteis de mosto. Esse tipo de fermento propicia mais rapidez na formação do pé-de-cuba e é o mais recomendado para se obter uma aguardente de qualidade.

As vantagens do uso de linhagens selecionadas são: inibição dos microrganismos contaminantes; fermentações mais rápidas e completas devido a essas leveduras serem mais tolerantes às condições do processo industrial e menor produção de ácido acético e dos compostos secundários da fermentação, principalmente álcoois superiores (Tabela 4).

Alcarde et al. (2012), estudando a composição química de aguardentes bidestiladas provenientes de mostos fermentados por diferentes cepas da levedura *Saccharomyces cerevisiae*, observaram que elas apresentaram composições químicas distintas. Aquelas provenientes das fermentações com as leveduras CA-11, CANAMAX, BG-1 e CAT-1 apresentaram composição química dentro dos limites estabelecidos pela legislação brasileira. No entanto, entre as leveduras selecionadas, a aguardente produzida pela fermentação com a cepa BG-1 apresentou a maior acidez volátil, que é um parâmetro associado a defeito sensorial em bebidas destiladas. As cepas PE-2 e SA-1 produziram aguardentes com elevada concentração de álcoois superiores. A aguardente produzida com fermento caipira apresentou a acidez mais elevada e elevado teor de álcoois superiores. As cepas CA-11 e CANAMAX, selecionadas para a produção de cachaça, foram as que produziram aguardentes com a melhor composição química relacionada à qualidade sensorial. A cepa CA-11 foi desenvolvida pela Universidade

Federal de Lavras (UFLA) e é comercializada pela LNF Latino Americana. Já a cepa CANAMAX foi desenvolvida pela Universidade Federal de Minas Gerais (UFMG) e é comercializada pela Lallemand.

Tabela 4 Composição química (mg/100 mL de álcool anidro) dos congêneres voláteis em aguardentes bidestiladas (obtidas por fermentação com diferentes cepas de levedura selecionada e com fermento caipira).

	CA-11	Canamax	BG-1	PE-2	SA-1	CAT-1	Caipira
Ácido acético	23,67	31,03	47,14	19,98	14,83	22,81	71,17
Aldeído acético	18,52	12,11	16,10	15,31	15,78	16,89	26,15
Acetato de etila	9,40	14,52	15,49	10,71	23,72	15,74	28,61
Metanol	6,66	12,47	7,14	9,18	8,74	6,85	16,42
Furfural	0,20	0,17	0,18	0,21	0,11	0,25	0,22
Álcool n-propílico	14,94	17,06	18,33	38,54	31,15	30,31	51,63
Álcool isobutílico	35,47	29,48	52,45	170,24	148,66	118,26	133,74
Álcool isoamílico	145,31	132,32	75,95	222,38	362,50	210,41	302,98
Álcoois superiores	195,72	178,85	146,74	431,16	542,31	358,98	488,35
Coeficiente de congêneres	247,51	236,68	225,65	477,37	596,75	414,67	614,50

6.2.2. Processo de fermentação alcoólica

Na fermentação alcoólica, os açúcares do mosto são convertidos pelas leveduras em etanol e gás carbônico como produtos principais, e em diversos outros compostos secundários, tais como glicerol, aldeídos, ésteres, ácidos orgânicos e álcoois.

O mosto de caldo de cana é transferido para os tanques de fermentação (dornas), nos quais já está o fermento (pé-de-cuba). Visando evitar estresse osmótico às células de levedura, o ideal é que essa transferência seja feita lentamente, de 6 a 8 horas. Trata-se do sistema de fermentação em "batelada-alimentada". Os grandes produtores também podem optar pelo sistema de fermentação contínua.

Deve-se sempre respeitar o volume útil da dorna (75%-80% do seu volume total) para evitar o transbordamento do mosto por causa da formação de espuma durante o processo de fermentação, resultante da interação do gás carbônico com fosfolipídios e proteínas do mosto.

O ideal é que o processo de fermentação transcorra sob temperaturas de 28°C a 32°C e se encerre entre 14 e 18 horas após terminar a alimentação da dorna. Sistemas de aquecimento e/ou refrigeração são importantes para o controle da temperatura da fermentação. O ciclo fermentativo se completa quando a emissão de CO_2 diminui significativamente e o fermento suspenso no mosto tende a decantar no fundo da dorna. O processo de decantação permite separar o vinho do fermento, o qual pode ser reaproveitado no próximo ciclo de fermentação. Esse sistema é denominado de fermentação com reciclo de células por decantação (figuras 13 e 14). Os grandes produtores podem realizar o reciclo do fermento mediante a centrifugação do mosto fermentado (vinho).

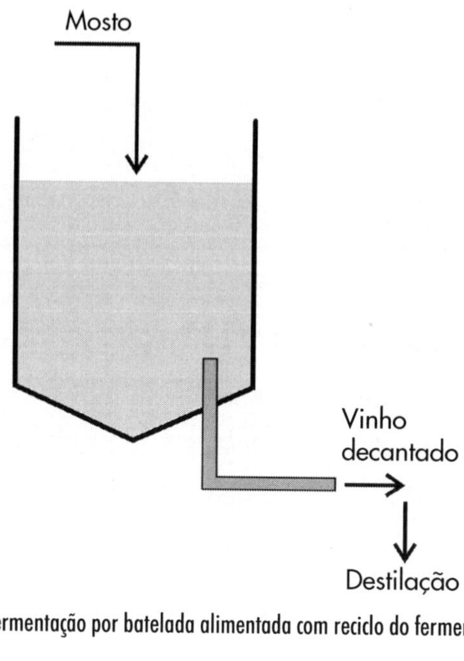

Figura 13 Processo de fermentação por batelada alimentada com reciclo do fermento por decantação.

Figura 14 Dornas de fermentação da minidestilaria da ESALQ/USP, com registro lateral que permite a retirada do vinho sobrenadante para destilação e a retenção do pé-de-cuba (fermento decantado) para o próximo ciclo de fermentação. Crédito: Gerhard Waller (ACOM/ESALQ).

É importante revigorar o fermento entre os ciclos, e isso é feito por meio da diluição em água e o abaixamento do pH da suspensão para 2,5 a 3,0 com ácido sulfúrico, mantendo-se esta condição por 2 a 3 horas. Isso auxilia na seleção de células jovens e sadias da levedura e também na redução da população de bactérias contaminantes.

O vinho deve ser destilado logo após o término do ciclo de fermentação, evitando assim o desenvolvimento de bactérias contaminantes e as consequentes fermentações secundárias, que podem levar ao consumo de etanol e à formação de produtos secundários da fermentação, tais como ácidos orgânicos e álcoois superiores.

As etapas do ciclo de fermentação estão devidamente ilustradas na Figura 15.

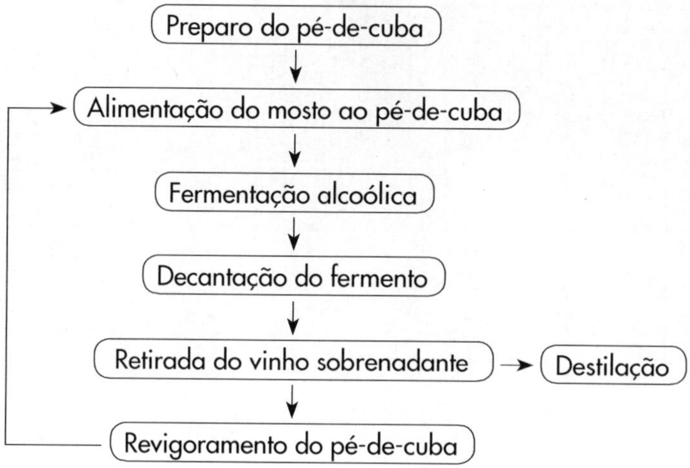

Figura 15 Etapas do processo de fermentação alcoólica para a produção de aguardente.

6.2.3. Contaminação microbiana

A contaminação microbiana ocorre devido à carga de microrganismos que acompanha a matéria-prima até a indústria e à falta de assepsia durante o processo. Os contaminantes microbianos podem ser leveduras ou bactérias.

6.2.3.1. Leveduras contaminantes

Podemos defini-las como micro-organismos promotores de alterações físico-químicas indesejáveis no produto final a partir dos metabólitos liberados. Tanto no caldo quanto no mosto de cana-de-açúcar em fermentação podemos identificar principalmente os seguintes gêneros de leveduras contaminantes: *Schizosaccharomyces, Rhodotorula, Hanseniaspora, Metchsnikowia, Dekkera, Debaryomyces, Candida, Pichia, Torulaspora, Kluyveromyces, Zygosaccharomyces* e *Kloeckera.*

Essas leveduras possuem características fermentativas desfavoráveis, com baixa velocidade de crescimento, bem abaixo das cepas normalmente selecionadas para processos de fermentação alcoólica industrial. Essas cepas costumam ter baixa tolerância ao etanol e baixa produtividade. Apesar da baixa velocidade de crescimento e tolerância ao etanol, elas podem dominar o processo fermentativo por causa das condições favoráveis de operação, tal como a baixa concentração de etanol no vinho em início de safra.

A matéria-prima que entra em processamento possui uma carga microbiana natural, que varia em função da sua qualidade microbiológica. Portanto, tem grande influência na instalação das leveduras selvagens durante o processo industrial. A boa assepsia das tubulações e recipientes é fundamental para auxiliar o combate às cepas não fermentativas, pois esses locais podem ser focos internos de recontaminação na destilaria.

O uso de fermento selecionado e adaptado ao processo é a melhor opção. Conforme visto anteriormente, o tratamento térmico do caldo é indispensável para que as cepas de leveduras selecionadas dominem o ambiente e permaneçam no processo fermentativo por um período de tempo satisfatório.

6.2.3.2. Bactérias contaminantes

As bactérias contaminantes produzem fermentações paralelas à fermentação alcoólica, dando origem a componentes secundários indesejáveis ao processo, tais como ácidos orgânicos, aldeídos, álcoois superiores e gomas. Essas fermentações concorrem para a diminuição do rendimento alcoólico, pois os açúcares são consumidos e, outros produtos, que não o etanol, são produzidos. Além disso, as bactérias podem promover a floculação do fermento, reduzindo a velocidade de fermentação, e também podem produzir toxinas, que levam à diminuição da viabilidade celular das leveduras.

Entre essas fermentações indesejáveis, destaca-se a lática. As bactérias láticas mais comumente associadas ao processo de fermentação alcoólica de caldo de cana-de-açúcar são os *Lactobacillus*. Eles se desenvolvem naturalmente na região da bainha das folhas da cana e são introduzidos no processo juntamente com a matéria-prima. Os *Lactobacillus* são microrganismos resistentes à alta temperatura e à acidez, por isso são o grupo de bactérias láticas mais frequente na fermentação alcoólica. É indispensável ter certos cuidados com a qualidade microbiológica da matéria-prima e com a assepsia dos equipamentos para evitar que a população desses contaminantes atinja níveis da ordem de 10^5 células/mL, a partir do qual passa a causar prejuízos significativos ao processo de produção de aguardente.

6.3. DESTILAÇÃO DO VINHO

A destilação consiste no aquecimento de um líquido em sistema fechado até sua vaporização, com posterior coleta seletiva dos vapores condensados por resfriamento.

O vinho resultante da fermentação do mosto é constituído por componentes de natureza gasosa, sólida e líquida. Entre os compostos de natureza gasosa destaca-se o CO_2 , e entre os de natureza sólida encontram-se células de levedura e bactéria, terra, areia, bagacilho, resíduos de corrosão, açúcares residuais e sais minerais.

Os componentes de natureza líquida são: água, etanol, ácidos orgânicos (ácido acético, lático e succínico) e inorgânicos (ácido sulfúrico), ésteres, aldeídos, álcoois superiores (isoamílico, propílicos, butílicos), glicerol, metanol e outras substâncias intermediárias da via metabólica fermentativa.

Os componentes do vinho podem ainda ser classificados em fixos e voláteis. Os fixos, isto é, aqueles que não se volatilizam em temperaturas normais de destilação, são os de natureza sólida e alguns de natureza líquida, tais como os ácidos lático, succínico e sulfúrico, e o glicerol.

Os componentes voláteis do vinho, tais como água, etanol, álcoois superiores, ácido acético, aldeídos, ésteres e metanol, possuem pontos de ebulição diferentes entre si, podendo ser parcial ou totalmente separados do líquido mediante o processo de destilação.

Supondo uma mistura de água com álcool, seu ponto de ebulição será intermediário ao ponto de ebulição de cada um dos componentes isolados, sendo mais próximo do ponto de ebulição do composto que estiver em maior concentração. Já os vapores provenientes da destilação de uma mistura hidroalcoólica serão sempre mais concentrados em etanol, pois o ponto de ebulição do etanol é inferior ao da água. Assim, é possível aumentar o teor alcoólico de um líquido por meio da sua destilação (Tabela 5).

Tabela 5 Pontos de ebulição de misturas hidroalcoólicas (ao nível do mar, P=1 atm) e concentração alcoólica do destilado proveniente da destilação completa (até o esgotamento do etanol) de cada mistura.

% de etanol (v/v)	Ponto de ebulição (°C)	% de etanol no destilado
Água pura	100,0	0
5	95,9	18
10	92,6	28
20	88,3	42
30	85,7	50
60	82,3	75
96*	78,1	96
Etanol puro	78,3	100

*Quando o ponto azeotrópico da mistura hidroalcoólica é atingido, ou seja, quando a mistura contém 96% de etanol (v/v), sua temperatura de ebulição é de 78,1 °C; inferior, portanto, ao ponto de ebulição do etanol (78,3 °C). Assim, os vapores provenientes da destilação da mistura azeotrópica possuem a mesma composição do líquido gerador, não havendo, portanto, um aumento do grau alcoólico com a destilação.

O mosto fermentado denomina-se vinho, cuja composição média em compostos voláteis é de 90% a 92% de água, 7% a 9% de etanol e de 1% a 2% de compostos secundários. O vinho é submetido ao processo de destilação para que haja a separação dos seus componentes voláteis, resultando no aumento da concentração alcoólica e permitindo a purificação mediante à redução de congêneres e de contaminantes do destilado.

Os fatores que influenciam a destilação do vinho são o ponto de ebulição dos componentes no estado puro e a solubilidade preferencial da substância no etanol do vapor alcoólico.

A Tabela 6 mostra o ponto de ebulição dos principais componentes do vinho de cana-de-açúcar. Quanto menor o ponto de ebulição da substância, maior será sua tendência de se destilar no início do processo de destilação. O inverso também é verdadeiro, ou seja, quanto maior o ponto de ebulição do componente, maior será sua tendência de se destilar nas frações finais do destilado. No entanto, esse fator não explica totalmente a sistemática de separação dos componentes ao longo da destilação. A solubilidade preferencial de alguns compostos no etanol do vapor oriundo da destilação pode fazer esses componentes, mesmo apresentando pontos de ebulição mais elevados, serem destilados ao longo do processo. É o caso específico dos álcoois superiores. O coeficiente de purificação proposto por Barbet (K´) relaciona a porcentagem de um composto contido no álcool puro dos vapores com a porcentagem desse mesmo composto contida no álcool puro do líquido gerador. Dessa forma, o coeficiente K´ de Barbet define a solubilidade preferencial dos compostos no etanol a quente, o qual varia em função do grau alcoólico do líquido gerador. Assim, compostos que possuem K´>1 tendem a passar à fase de vapor quando estão em destilação alcoólica. Já componentes com K´<1 tendem a ficar no líquido gerador. Há compostos denominados híbridos, isto é, que apresentam coeficiente K´ variável, em função do grau alcoólico do líquido submetido à destilação, como por exemplo alguns álcoois superiores. Assim, em líquidos geradores de baixo grau alcoólico apresentam K´>1 e, consequentemente, uma tendência a destilar e passar à fase de vapor juntamente com o etanol. Já em líquidos geradores de alto grau alcoólico apresentam K´<1 e, portanto, uma tendência a permanecer na fração líquida, mais rica em água.

Isso explica porque alguns álcoois superiores, normalmente com pontos de ebulição mais altos e considerados produtos de cauda em destilações em colunas contínuas para produção de etanol carburante, são produtos sempre presentes nas cachaças, principalmente naquelas destiladas em alambiques ou em colunas de baixo grau.

Tabela 6 Ponto de ebulição no estado puro dos principais componentes voláteis do vinho de caldo de cana-de-açúcar.

Composto	Ponto de ebulição (°C)
Aldeído acético	20
Dimetilsulfeto	36
Metanol	65
Acetato de etila	77
Etanol	78
Diacetil	88
n-Propanol	97
sec-Butanol	99
Isobutanol	108
5-HMF	115
Ácido acético	118
n-Butanol	118
Álcool isoamílico	130
Acetato de isoamila	142
Lactato de etila	153
Furfural	162
Carbamato de etila	183

Tabela 7 Coeficiente de purificação K´, de Barbet, para alguns compostos em função do grau alcoólico do líquido gerador.

Etanol no líquido gerador (% v/v)	Aldeído acético	Acetato de etila	Álcool isoamílico	Furfural
1			3,3	
10	5,7	5,7	2,3	0,47
20	8,8	5,6	1,7	0,42
30	10,6	5,4	1,3	0,35
40	12,1	4,8	1,1	0,32
50	13,0	3,9	0,80	0,25
60	13,5	3,3	0,62	0,21
70	13,8	3,1	0,44	0,19
80	14,0	2,8	0,36	0,17
90		2,4	0,26	

O processo de destilação para a produção de aguardente pode ser efetuado em colunas contínuas ou em alambiques, podendo ser simples, de dois ou três corpos e retificadores.

Os alambiques funcionam em sistema intermitente. A caldeira é alimentada com o vinho, o qual, mediante aquecimento, emite vapores hidralcoólicos que são conduzidos através do capitel e da alonga até o condensador, resultando no destilado alcoólico (Figura 16). O resíduo da destilação do vinho, que permanece na caldeira após o término da destilação, chama-se vinhaça, e é composto basicamente por água, pelos componentes não voláteis e por substâncias sólidas do vinho.

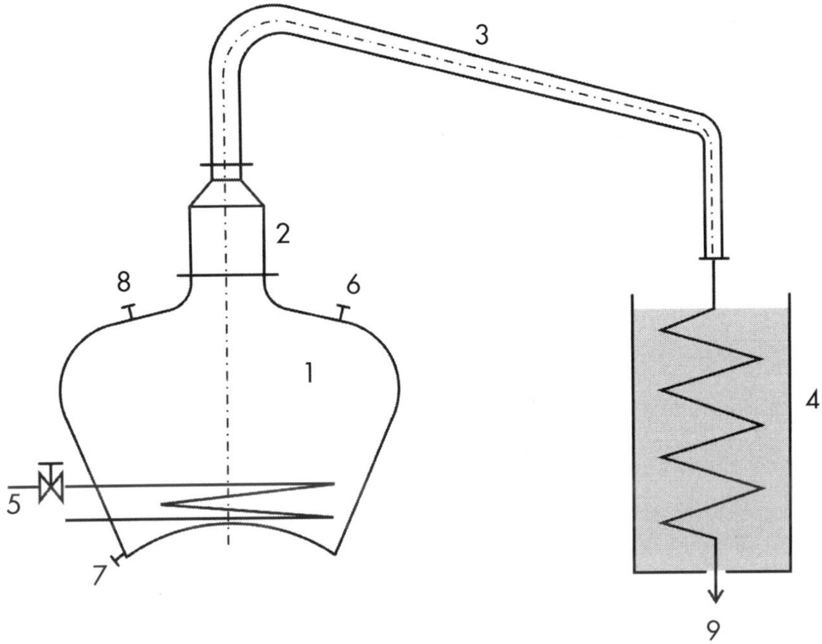

Figura 16 Esquema de alambique simples para a produção de aguardente. (1) caldeira, (2) capitel, (3) alonga, (4) condensador/resfriador, (5) vapor para aquecimento, (6) entrada de vinho, (7) descarga de vinhaça, (8) válvula equalizadora de pressão, (9) saída de aguardente.

As colunas de destilação são compostas por uma sequência de pratos superpostos, os quais funcionam como caldeiras independentes. Os vapores hidralcoólicos gerados no prato inferior são conduzidos ao prato superior e assim sucessivamente, até o topo da coluna, de onde são direcionados aos condensadores. A aguardente ou cachaça produzida em colunas é chamada de multidestilada, pois teoricamente sofre tantas destilações quanto for o número de pratos.

Uma aguardente ou cachaça de qualidade pode ser produzida por meio de um processo de destilação em alambiques ou colunas. No entanto, considerando as características inerentes de cada processo, a composição química da bebida varia em função do tipo de processo utilizado. Normalmente, os destilados oriundos de processo intermitente (em alambiques) apresentam maior teor de congêneres que aqueles provenientes de destilação contínua (em colunas). A Tabela 8 mostra a composição química média de aguardentes produzidas na destilaria da ESALQ/USP, provenientes dos mesmos lotes de vinho e destiladas em coluna contínua ou em alambique simples.

Tabela 8 Composição química de aguardentes produzidas por meio da destilação de um mesmo vinho (em coluna e em alambique simples).

Componente	Aguardente de coluna	Aguardente de alambique
Etanol[1]	42,01	42,19
Acetaldeído[2]	11,44	18,24
Acetato de etila[2]	20,79	29,15
Metanol[2]	6,86	11,17
2-butanol[2]	0,87	3,47
1-propanol[2]	54,61	87,19
Isobutanol[2]	35,71	53,65
1-butanol[2]	0,44	1,24
Álcool isoamílico[2]	122,47	184,32
Acido acético[2]	29,81	47,88
Furfural[2]	0,01	0,02
Álcoois superiores[2]	212,79	325,16
Coeficiente de congêneres[2]	274,84	420,45
Carbamato de etila[3]	40,75	95,45
Cobre[4]	0,68	2,41

[1] em % (v/v) a 20 °C; [2] em mg/100 mL de álcool anidro; [3] em μg/L; [4] em mg/L.

A aguardente de cana-de-açúcar e a cachaça são normalmente produzidas por um processo de monodestilação. No início da destilação do vinho, realiza-se a separação da fração "cabeça", correspondente a 1-2% do volume útil da caldeira. A fração "coração", que dará origem à aguardente/cachaça, corresponde ao destilado recuperado após a fração "cabeça", e até que o teor alcoólico do destilado na saída do condensador atinja 38% a 40% (v/v), resultando em concentração alcoólica média entre 42% e 48% nesta fração do destilado. A fração "cauda", também conhecida como "água fraca", é destilada após a fração "coração" e até que o destilado na saída do condensador apresente ausência de etanol (Figura 17).

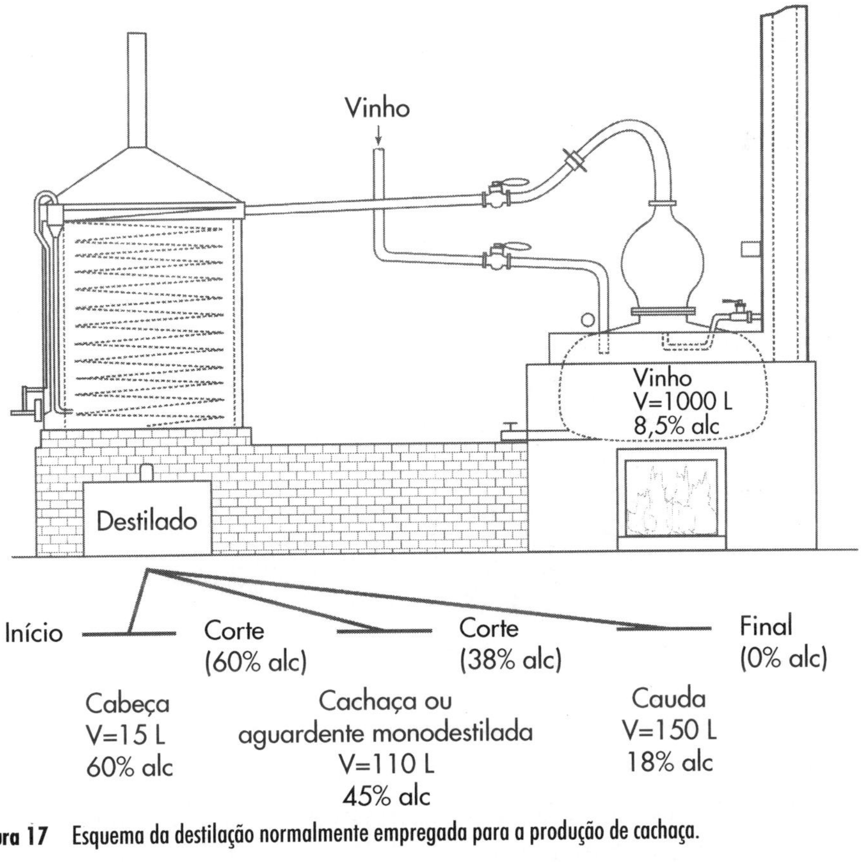

Figura 17 Esquema da destilação normalmente empregada para a produção de cachaça.

As frações "cabeça" e "cauda" devem ser separadas, pois em geral concentram compostos que depreciam a qualidade da bebida. É comum recomendar misturar as frações "cabeça" e "cauda" com um novo vinho a ser destilado, para que o etanol presente nessas frações seja recuperado e para que os componentes químicos dessas frações reajam com os componentes do vinho e produzam novos compostos aromáticos na aguardente. Nossos estudos mostraram que a recirculação dessas frações ao vinho procedente não compromete a qualidade do destilado desde que efetuada por no máximo três rodadas (na quarta rodada essas frações devem ser descartadas). No entanto, um destino mais apropriado poderia ser a produção de etanol carburante por meio da destilação em alambique provido de coluna concentradora (Figura 18).

Figura 18 Coluna de destilação para a produção de álcool carburante. Crédito: Gerhard Waller (ACOM/ESALQ).

O alambique de dois corpos corresponde a um destilador dotado de sistema de preaquecimento do caldo (Figuras 19 e 20). Nesse sistema, há uma caldeira de destilação do vinho e um tanque no qual o vinho que será destilado na próxima rodada é preaquecido por meio de troca térmica com os vapores provenientes do vinho em destilação. Com isso, há economia do volume de água necessário para condensar e resfriar o destilado. Ao término da destilação, a vinhaça é retirada da caldeira e o vinho transferido do preaquecedor para a caldeira. Então uma nova carga de vinho é colocada no aquecedor e a nova rodada de destilação começa. A vantagem desse sistema é a economia de energia para o aquecimento do vinho a partir da segunda rodada de destilação, o qual já apresenta temperatura entre 60 °C e 65 °C. Como consequência, o tempo total de destilação é reduzido em decorrência do menor intervalo de tempo necessário para aquecer o vinho até sua temperatura de ebulição.

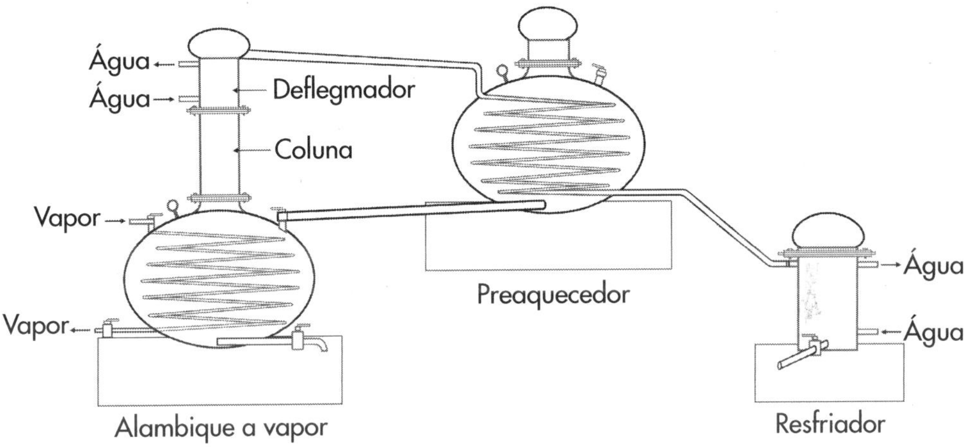

Figura 19 Esquema de um alambique de dois corpos.

Figura 20 Setor de destilação da minidestilaria da ESALQ/USP: alambique com coluna retificadora e deflegmador, aquecedor de vinho, resfriador e caixa coletora de destilado. Crédito: Gerhard Waller (ACOM/ESALQ).

O alambique de três corpos foi desenvolvido para eliminar a necessidade de se destilar a fração "cauda" da aguardente, também conhecida como "água fraca". Nesse sistema, há uma caldeira de destilação do vinho (corpo inferior), um tanque destilador (corpo intermediário) e um tanque preaquecedor de vinho (corpo superior) (Figura 21). Os vapores provenientes da destilação na caldeira (corpo inferior) são conduzidos ao destilador (corpo intermediário), onde borbulham no vinho ali contido. Esse borbulhamento provoca a condensação dos vapores provenientes da caldeira e como consequência o aquecimento do vinho do destilador. À medida que o borbulhamento prossegue, o vinho do destilador entra em ebulição e os vapores emitidos são conduzidos ao preaquecedor (corpo superior), onde trocam calor com o vinho ali contido, aquecendo-o e condensando-se, sendo posteriormente resfriados. Quando o destilado recolhido apresentar 50% de etanol (v/v), desliga-se o sistema de aquecimento da caldeira e procede-se à descarga do líquido contido nesse corpo. Em seguida, procede-se à passagem do líquido remanescente no destilador para a caldeira e, na sequência, do vinho preaquecido ao destilador. Adiciona-se nova carga de vinho ao preaquecedor e inicia-se um novo ciclo de destilação. Dessa destilação em diante, o rendimento em aguardente é praticamente metade do da primeira destilação, e a vinhaça sai da caldeira isenta em etanol, eliminando assim a necessidade de se recuperar a "água fraca". Na primeira destilação, a aguardente é proveniente da carga dos dois corpos inferiores, caldeira e destilador, e da segunda destilação em diante provém praticamente apenas do segundo corpo.

Os alambiques retificadores (Figura 22) são constituídos de uma caldeira, sobreposta de uma coluna de bandejas com calotas que concentra os vapores provenientes da destilação do vinho da caldeira. Devido à presença do tronco retificador, esses alambiques proporcionam uma maior concentração em álcool dos vapores hidralcoólicos e, consequentemente, da aguardente. A trombeta de degasagem elimina os gases não condensáveis gerados na destilação.

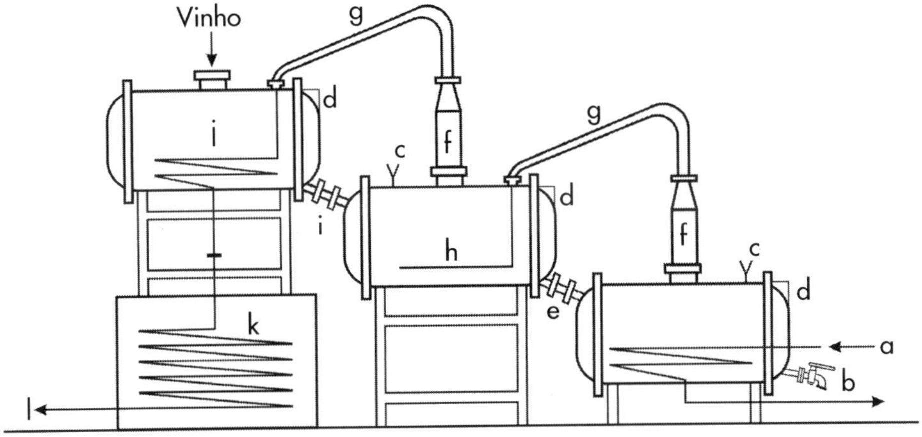

Figura 21 Esquema de um alambique de três corpos: a) entrada de vapor; b) descarga de vinhaça; c) válvula equalizadora de pressão; d) nível do líquido dentro do corpo; e) registro de passagem do corpo intermediário (destilador) ao corpo inferior (caldeira); f) capitel; g) alonga; h) tubo perfurado; i) registro de passagem do corpo superior (preaquecedor) ao corpo intermediário (destilador); j) serpentina de condensação; k) serpentina de resfriamento; l) saída de aguardente.

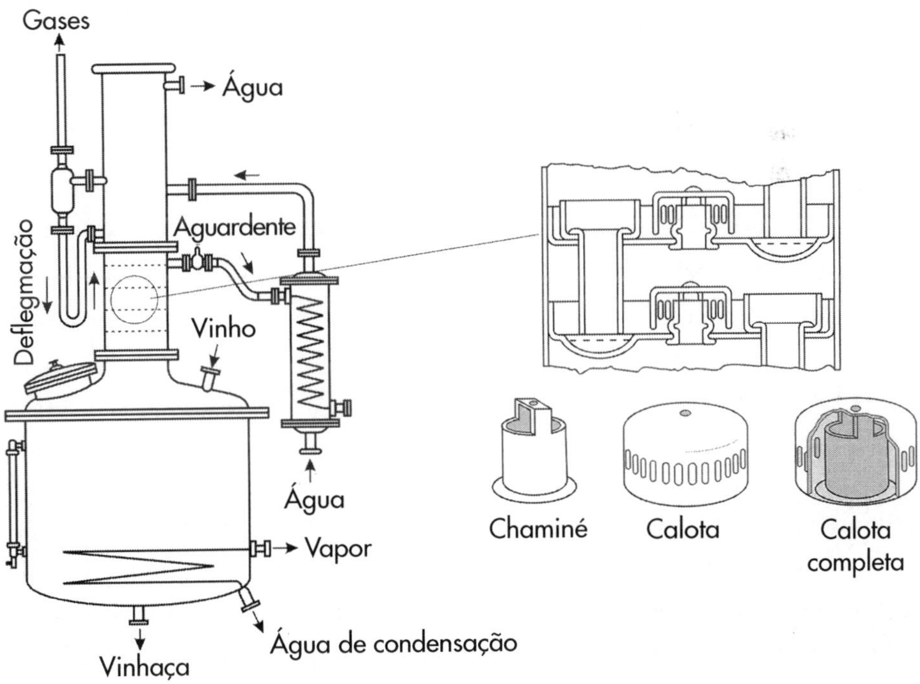

Figura 22 Esquema de um alambique retificador mostrando o detalhe da coluna de bandejas com calotas.

Os alambiques são normalmente construídos em cobre por suas características de maleabilidade, resistência e transmissão de calor. Esse metal também participa como catalisador de diversas reações químicas durante a destilação. As aguardentes destiladas em equipamentos de aço inoxidável apresentam qualidade sensorial prejudicada devido à presença de compostos sulfurados, tais como dimetilsulfeto e mercaptanas, formados pela degradação de aminoácidos (metionina, cisteína e cistina). O cobre catalisa reações de oxidação desses compostos sulfurados a sulfetos e sulfatos, que não são aromáticos, reduzindo assim o defeito sensorial causado pelo dimetilsulfeto e pelas mercaptanas. Na ausência do cobre não há essas reações de complexação dos compostos sulfurados. No entanto, esses compostos responsáveis pelos odores desagradáveis são muito voláteis e se perdem após relativamente um curto período de armazenamento da aguardente recém-destilada.

A contaminação da bebida com cobre ocorre por dissolução, pelos vapores alcoólicos ácidos, do "azinhavre" formado nas paredes internas do alambique e principalmente na serpentina do condensador. O "azinhavre" é o carbonato básico de cobre [$Cu_2(OH)_2CO_3$], formado pela oxidação do cobre metálico na presença de água e CO_2. Para evitar sua formação, recomenda-se manter o alambique totalmente preenchido com água, inclusive as serpentinas do condensador, durante as paradas prolongadas do equipamento. Uma vez formado, a remoção pode ser feita por meio da destilação de uma solução ácida, tal como o ácido acético a 2%, com posterior destilação de água para a limpeza.

O princípio da destilação contínua em colunas é o da extração vapor-líquido em contracorrente. As colunas (Figura 23) são cilindros verticais formados por um conjunto de bandejas ou pratos com calotas e sifões (Figura 24). Pelas calotas sobem os vapores alcoólicos, e pelos sifões desce o vinho. O aquecimento é feito na base da coluna por vapor proveniente de caldeiras. As bandejas superpostas funcionam cada uma como um alambique simples, uma destilando para dentro da outra imediatamente acima. Descendo, o vinho é aquecido em contracorrente pelos vapores gerados a partir da base da coluna. À medida que o vinho desce na coluna, vai desalcoolizando-se e os vapores alcoólicos formados vão subindo, até atingirem a máxima concentração na bandeja mais superior da coluna. Os vapores gerados numa bandeja inferior entram pela chaminé da bandeja superior, passam pela fenestra e se acumulam sob a calota, até que a pressão desses vapores vença a resistência imposta pelo líquido, levando assim ao borbulhamento dos vapores no líquido contido na bandeja superior. Em uma coluna de destilação, a temperatura de ebulição do líquido diminui da base para o topo e a concentração alcoólica aumenta nesse sentido. Na base a temperatura é de 103 °C a 105 °C, e no topo, ao redor de 94 °C.

O vinho a ser destilado entra pela parte superior da coluna continuamente. Da base da coluna também sai vinhaça continuamente. Pelo topo da coluna saem os vapores hidralcoólicos concentrados, os quais são condensados e resfriados.

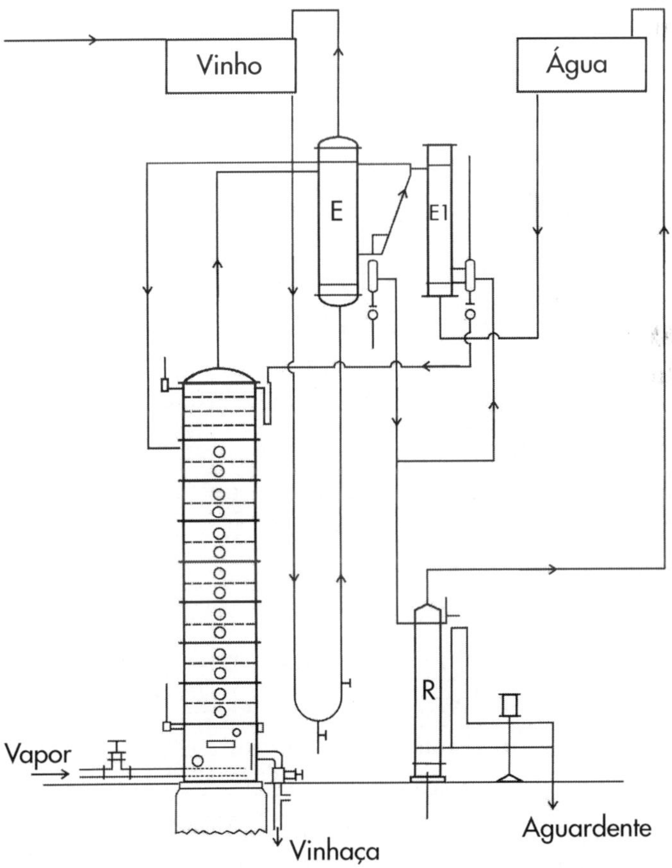

Figura 23 Coluna de baixo grau para produção de aguardente. E e E1 = condensadores; R = resfriador

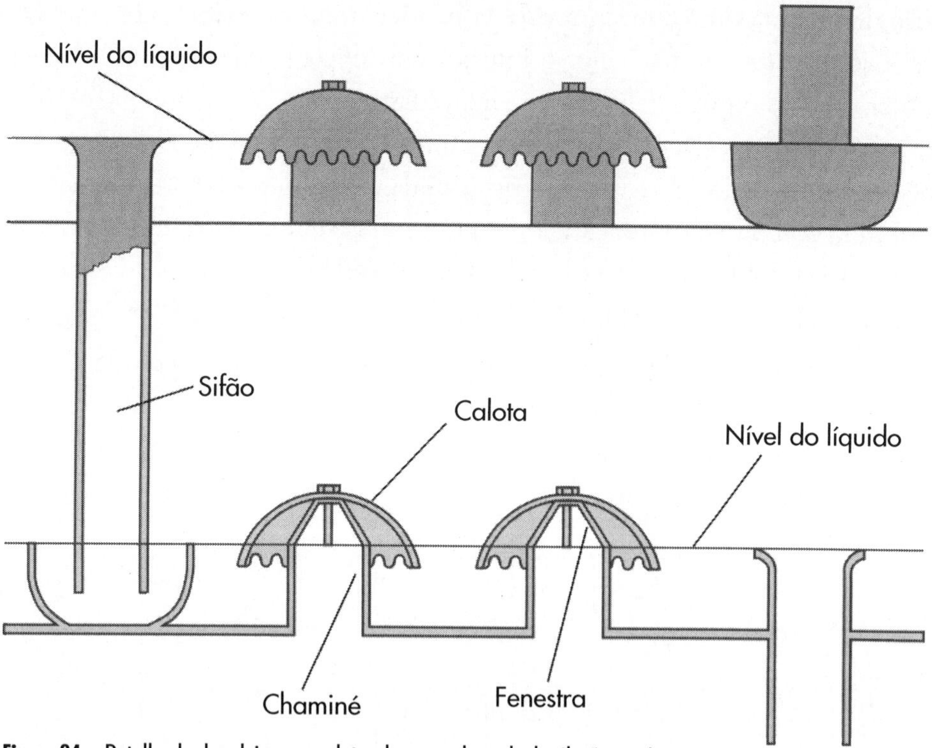

Figura 24 Detalhe das bandejas com calotas de uma coluna de destilação contínua.

Na destilaria da ESALQ/USP, desenvolvemos uma coluna de destilação especialmente voltada para a produção de aguardente de cana em processo contínuo, com separação, também contínua, das frações "cabeça" e "cauda" do destilado (Figura 25). O vinho a ser destilado passa inicialmente pelo condensador, onde troca calor com a aguardente que provém da coluna em fase de vapor. Na sequência, o vinho é encaminhado ao trocador de calor K, onde é aquecido a cerca de 92-94 °C, e posteriormente entra na coluna de destilação, no seu terço superior. A bandeja imediatamente superior à entrada do vinho na coluna é desprovida de calotas (bandeja "cega"), representando um anteparo à passagem dos vapores mais voláteis, os quais são retirados por uma canalização lateral, constituindo a fração "cabeça" do destilado. O vinho desce pela coluna, desalcoolizando-se, e os vapores sobem através das calotas das bandejas. Um pouco abaixo da entrada de vinho há uma tubulação lateral, que conduz os vapores hidroalcoólicos até a parte superior da coluna, denominada retificadora. Na parte retificadora a destilação continua e os vapores vão se enriquecendo em etanol. Imediatamente acima da bandeja "cega" há uma canalização lateral que retira a fração "cauda" do destilado. Os vapores hidralcoólicos gerados pela destilação, com concentração alcoólica de aproximadamente 65% vol., saem pelo topo da coluna e são direcionados a um dispositivo com serpentina em cobre, para que as reações do metal com o destilado ocorram e eliminem os maus odores da aguardente. Em seguida, os vapores são condensados em dois condensadores: o primeiro tem vinho como elemento refrigerante, e o segundo, água. Depois, a aguardente é resfriada e encaminhada ao tanque de armazenamento.

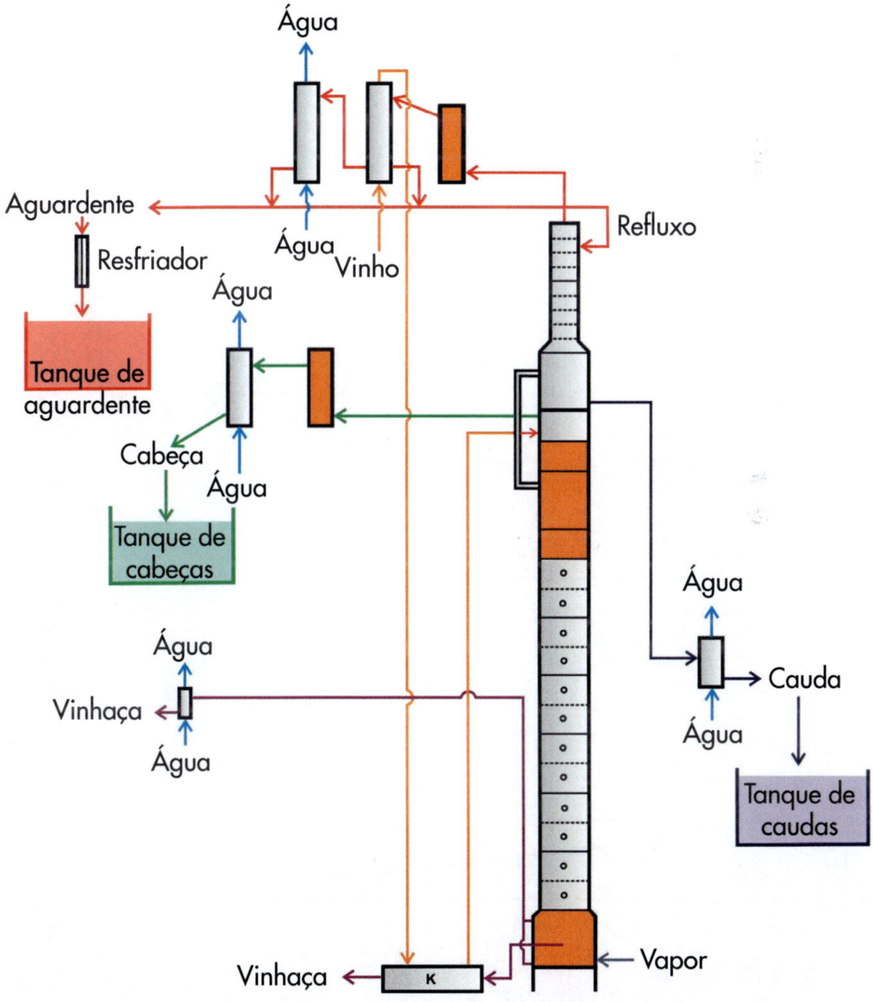

Figura 25 Coluna de destilação contínua da ESALQ/USP, especialmente desenvolvida para produzir aguardente de qualidade.

6.3.1. Dupla destilação

O processo da dupla destilação, usual na produção de *cognac* e de *whisky*, tem um papel fundamental para a qualidade e a padronização da aguardente de cana. É aplicável apenas aos processos de destilação conduzidos em alambiques.

Também conhecido por bidestilação, esse processo consiste na realização de duas destilações sucessivas. Na primeira, o vinho é destilado para recuperar praticamente todo o álcool nele contido, sem separação de frações, originando assim um destilado chamado flegma, com cerca de 28% (v/v) de álcool (Figura 26). Na segunda destilação, o flegma é destilado e a separação das frações é feita: "cabeça" (1% a 2% do volume útil da caldeira), "coração" (destilado recuperado com até 60% de etanol na saída do condensador) e "cauda" (destilado recuperado de 60% até o esgotamento do etanol na saída do condensador) (Figura 27).

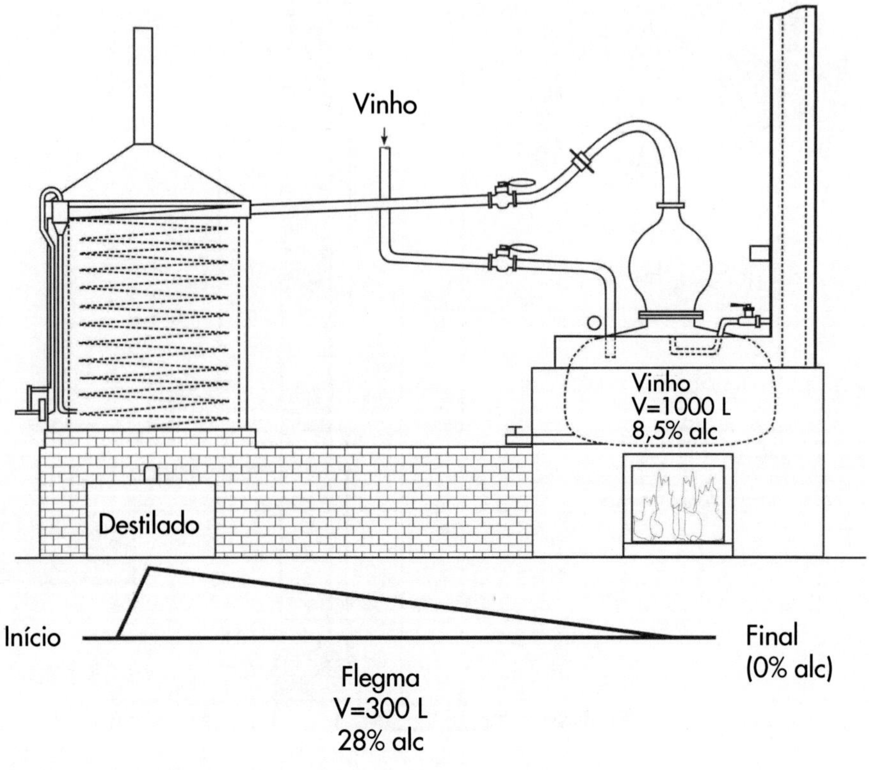

Figura 26 Esquema da primeira destilação para produzir aguardente bidestilada.

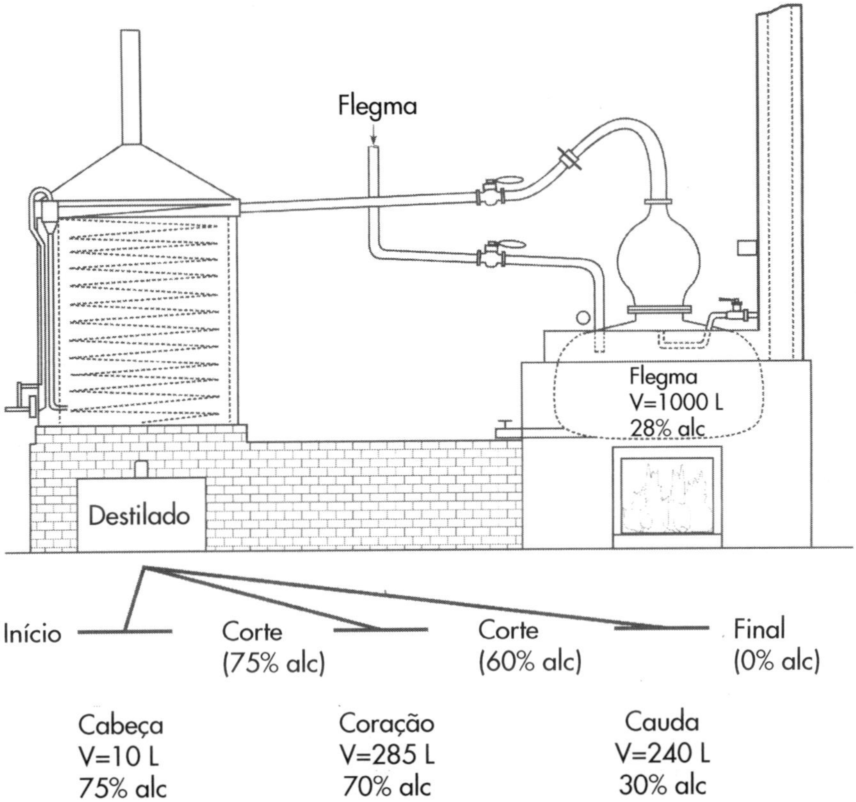

Figura 27 Esquema da segunda destilação para produzir aguardente bidestilada.

O volume de flegma produzido pela primeira destilação depende de alguns fatores, tais como concentração alcoólica do vinho, conformação do alambique e sistema de aquecimento do destilador. No entanto, de modo geral, o volume de flegma corresponde a aproximadamente um terço do volume de vinho colocado na caldeira para destilar. Assim, sabendo-se que o alambique deve sempre trabalhar com a sua máxima capacidade útil de vinho, há duas possibilidades para executar a segunda destilação. Ou se tem dois alambiques, sendo o segundo com uma capacidade útil de um terço do volume do primeiro, ou se fazem três primeiras destilações a fim de produzir o volume de flegma suficiente para efetuar a segunda destilação em um mesmo alambique (Figura 28).

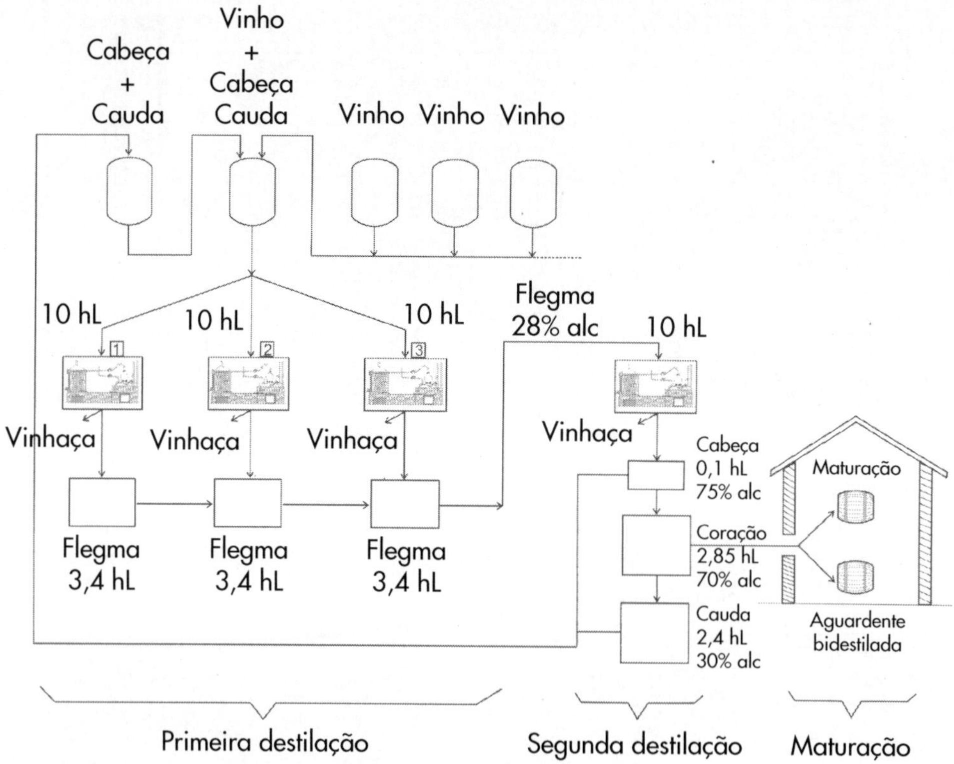

Figura 28 Esquema da dupla destilação para produzir aguardente bidestilada.

Baseando-se nas definições legais, ao utilizar o processo de dupla destilação a bebida produzida deve ser obrigatoriamente denominada *aguardente de cana* bidestilada, e nunca cachaça bidestilada, pois, invariavelmente, o "coração" obtido da segunda destilação será um *destilado alcoólico simples de cana-de-açúcar*, com concentração alcoólica de aproximadamente 65% em volume. A padronização do teor alcoólico para os limites legais de aguardente deve ser efetuada com água potável.

A metodologia de dupla destilação foi baseada nos processos usualmente empregados para a produção de *whisky* de puro malte e de *cognac*.

Para *whisky* de puro malte, a primeira destilação recupera o etanol do mosto fermentado, sem "cortes" de frações, originando o *low wine*. Na segunda destilação, o *low wine* é destilado e procede-se à separação das frações "cabeça" (2% do volume útil da caldeira, recuperados de 78° a 75° GL), "coração" (que dará origem ao *whisky*, destilado recuperado de 75° a 60° GL) e "cauda" (destilado recuperado de 60° a 0° GL). As frações "cabeça" e "cauda" são recirculadas nas primeiras destilações da rodada seguinte (Piggott, 2003).

Para o *cognac*, na primeira destilação já há a separação das frações "cabeça" (0,4% do volume útil da caldeira), "coração" ou *brouillis* (destilado recolhido após a fração "cabeça" e até apresentar 5% de álcool) e "cauda" (destilado recolhido de 5% a 0% de álcool). Na segunda destilação, a do *brouillis*, o destilado é dividido em quatro frações: "cabeça" (1% do volume útil da caldeira), "coração 1" (que dará origem ao *cognac*, destilado recolhido após a fração "cabeça" e até apresentar 60% de álcool), "coração 2" ou *secondes* (destilado recolhido entre 60% e 5% de álcool) e "cauda" (destilado recolhido entre 5% e 0% de álcool). As frações "cabeça" e "cauda" das duas destilações são recirculadas nas primeiras destilações da rodada seguinte e a fração "coração 2" é redestilada junto com o *brouillis* da rodada seguinte (Leauté, 1990).

A redestilação é um processo semelhante à bidestilação; no entanto, utiliza, para a segunda destilação, cachaça ou aguardente industrial diluída em água potável a aproximadamente 30% (v/v) de álcool. Nesse processo não há, portanto, a primeira destilação, sendo o flegma substituído pela aguardente industrial convenientemente diluída.

6.3.1.1. Volatilização de compostos secundários durante a destilação

Os principais componentes voláteis secundários presentes no vinho, oriundos da fermentação do mosto de caldo de cana, são aldeído acético, acetato de etila, metanol, ácido acético, furfural e álcoois superiores (1-propanol, isobutanol, 1-butanol, 2-butanol e isoamílico). Conforme já descrito, esses compostos se destilam segundo dois fatores: a volatilização e a solubilidade preferencial. A volatilização refere-se ao ponto de ebulição característico de cada substância pura, e a solubilidade diz respeito à afinidade preferencial pelo etanol ou pela água, de acordo com o teor alcoólico do líquido gerador e do vapor durante a destilação.

Esses compostos podem ser agrupados em três categorias: I) compostos mais voláteis que o etanol, tais como aldeído acético, acetato de etila e metanol, que se acumulam na fração "cabeça"; II) compostos menos voláteis que o etanol, tais como ácido acético e furfural, que se concentram na fração "cauda"; e III) compostos mais voláteis que o etanol em líquidos geradores com baixa concentração alcoólica e menos voláteis que o etanol em líquidos geradores concentrados em álcool. São representantes desta categoria os álcoois superiores.

A Figura 29 mostra a cinética de volatilização de componentes secundários do vinho durante a primeira e a segunda destilação para a produção de aguardentes, mostrando o comportamento típico dos diferentes compostos que se acumulam nas frações "cabeça" e "cauda".

As aguardentes bidestiladas apresentam redução significativa das concentrações de ácidos voláteis e contaminantes, tais como álcoois sec-butílico e n-butílico, carbamato de etila e cobre (Tabela 9), tendo composição química e graduação alcoólica mais apropriadas ao envelhecimento.

Tabela 9 Composição química de destilado alcoólico produzido por processos de mono e bidestilação.

Componente	Aguardente monodestilada	Destilado alcoólico simples destinado à produção de aguardente bidestilada	% de redução
Etanol[1]	42,16	69,26	-
Acetaldeído[2]	18,16	14,90	18
Acetato de etila[2]	17,83	14,39	19
Metanol[2]	14,17	8,17	42
2-butanol[2]	6,14	0,93	85
1-propanol[2]	89,15	74,21	17
Isobutanol[2]	57,91	46,07	20
1-butanol[2]	1,66	1,51	9
Álcool isoamílico[2]	191,58	166,66	13
Ácido acético[2]	67,88	11,54	83
Furfural[2]	0,12	0,02	83
Álcoois superiores[2]	338,64	286,95	15
Coeficiente de congêneres[2]	442,63	327,80	26
Carbamato de etila[3]	170,35	5,42	97
Cobre[4]	4,41	0,62	86

[1] em % (v/v) a 20 °C; [2] em mg/100 mL de álcool anidro; [3] em μg/L; [4] em mg/L.

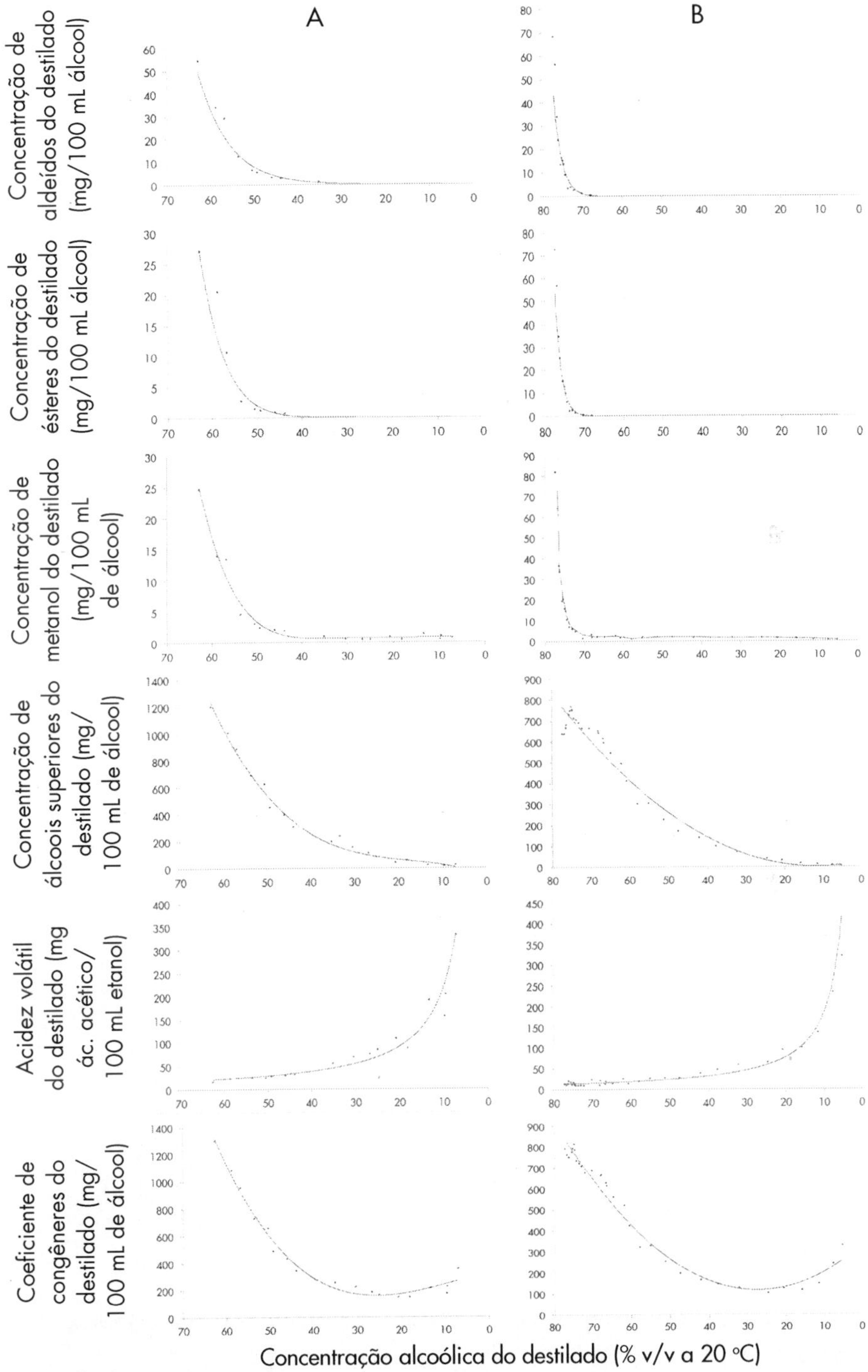

Figura 29 Cinética de volatilização de componentes secundários do vinho durante a primeira destilação (A) e a segunda destilação (B) para produzir aguardente bidestilada.

Os trabalhos da literatura relacionada indicam que a metodologia da dupla destilação pode reduzir a concentração de carbamato de etila nos destilados. Riffkin et al. (1989) observaram que apenas 1% desse contaminante formado na primeira destilação se destilou no *whisky* produzido pela segunda destilação. A fração "cauda" acumulou 15%, e a vinhaça reteve 84% do carbamato de etila presente na segunda destilação. Nagato et al. (2000) encontraram uma concentração média de 317 μg/L em 13 amostras de cachaças comerciais; no entanto, observaram que as amostras com as menores concentrações desse contaminante (38 a 48 μg/L) eram cachaças duplamente destiladas. Galinaro & Franco (2011) observaram que a redestilação proporcionou uma redução de até 92,5% do contaminante em 15 amostras de aguardentes comerciais.

Alcarde et al. (2012), estudando o mesmo tema, observaram que apenas 3% do carbamato de etila total acumulou-se na aguardente bidestilada. Na segunda destilação, as concentrações de cobre e do contaminante aumentaram com o decorrer do processo (Figura 30); no entanto, em função do ponto de corte entre as frações "coração" e "cauda" (60% de etanol vol.), a dupla destilação promoveu uma redução de 97% do contaminante.

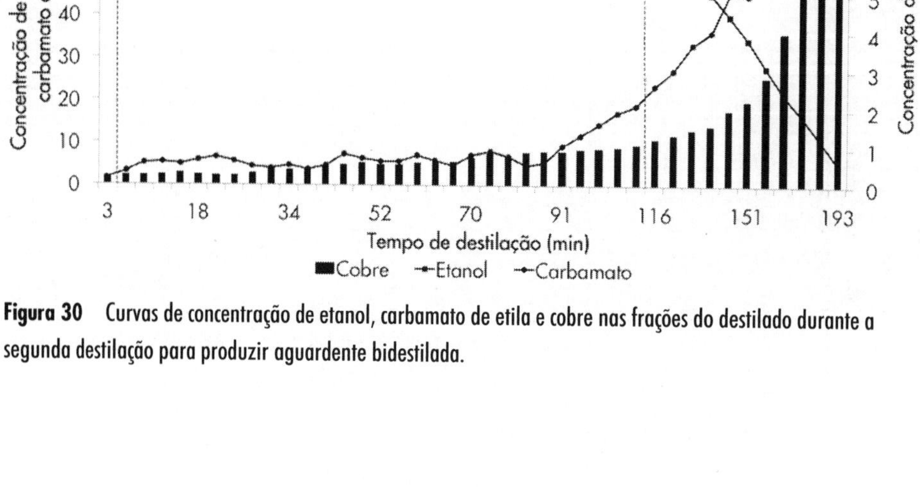

Figura 30 Curvas de concentração de etanol, carbamato de etila e cobre nas frações do destilado durante a segunda destilação para produzir aguardente bidestilada.

6.4. ENVELHECIMENTO DA AGUARDENTE

Toda bebida destilada recém-produzida, qualquer que seja ela e quaisquer que tenham sido os cuidados durante a destilação, possui sabor picante, áspero, ardente e seco. O aroma é normalmente agressivo e penetrante, às vezes desagradável.

Ao final do processo de destilação, obtém-se a aguardente de cana denominada branca. Essa bebida pode ser consumida como está, mas as qualidades sensoriais são aprimoradas se houver o armazenamento por no mínimo seis meses em recipiente inerte, período em que alguns componentes desagradáveis, tais como os compostos sulfurados, são eliminados por evaporação natural. Os reservatórios de madeira de grande volume, mesmo fabricados com madeiras que pouco interagem com a bebida, não podem ser considerados recipientes inertes, pois sempre haverá algum tipo de troca de compostos entre o destilado e a madeira.

A aguardente pode ser submetida ao envelhecimento em tonéis de madeira. A aguardente bidestilada, por apresentar teor reduzido de congêneres voláteis, é um destilado apropriado ao envelhecimento, que ocorre por um período de tempo dentro do barril de madeira a fim de afinar o perfil sensorial da bebida e melhorar a sua qualidade (figuras 31 e 32).

Figura 31 Tonéis novos de carvalho francês e americano para o envelhecimento de cachaça na destilaria da ESALQ/USP. Crédito: Gerhard Waller (ACOM/ESALQ).

Figura 32 Tonéis de madeiras nacionais para o envelhecimento de cachaça na destilaria da ESALQ/USP. Crédito: André Ricardo Alcarde.

O processo de envelhecimento de bebidas é um sistema complexo, que envolve numerosas reações fundamentadas principalmente na extração de moléculas da madeira e nas interações com o líquido destilado. Destacam-se: a extração direta de componentes da madeira; as reações de decomposição das macromoléculas da madeira (celulose, hemicelulose e lignina) e sua incorporação à bebida; as reações entre si dos compostos extraídos da madeira; as reações entre si dos componentes originais da bebida (compostos secundários, etanol e água); as reações dos compostos da madeira com os componentes originais do destilado; e a perda dos componentes voláteis por causa da evaporação através dos poros da madeira do barril.

A maturação de bebidas destiladas é o principal fator para a sua caracterização, pois aproximadamente 60% dos compostos aromáticos presentes na bebida são oriundos da madeira ou da sua interação com o destilado, sendo o restante oriundo da matéria-prima ou formado durante a fermentação e a destilação. A evolução de componentes fenólicos, a oxidação da bebida, a estabilização da cor, do sabor e o surgimento do caráter amadeirado contribuem para a riqueza e a complexidade do buquê aromático e, consequentemente, resultam em um maior valor agregado às bebidas destiladas.

O carvalho é a principal madeira utilizada para o envelhecimento porque fornece moléculas aromáticas agradáveis às bebidas alcoólicas. No Brasil, além do carvalho importado, madeiras nativas tais como amendoim, araruva, cabreúva (bálsamo), cedro, cerejeira (amburana), freijó, ipê e jequitibá também são usadas para o envelhecimento de aguardente. A produção de barris envolve inicialmente a secagem da madeira e o corte das aduelas. A operação de queima da madeira aplicada durante a produção dos barris tem a finalidade de dar forma às aduelas, auxiliando na sua envergadura e, consequentemente, na moldagem do barril. Depois de montado, o barril recebe uma tosta final, que contribui para modificar as estruturas das moléculas da madeira, permitindo o surgimento de novas substâncias aromáticas que conferem sabor diferenciado ao produto.

6.4.1. Legislação

De acordo com a Instrução Normativa n. 13, de 29 de junho de 2005, a aguardente de cana, ou a cachaça, pode ter as seguintes denominações:

Aguardente de cana ou cachaça envelhecida: deve conter no mínimo 50% de aguardente de cana ou de cachaça envelhecidos em recipiente de madeira apropriado, com capacidade máxima de 700 (setecentos) litros, por um período não inferior a um ano.

Aguardente de cana ou cachaça premium: deve conter 100% de aguardente de cana ou de cachaça envelhecidos em recipiente de madeira apropriado, com capacidade máxima de 700 (setecentos) litros, por um período não inferior a um ano.

Aguardente de cana ou cachaça extra premium: deve conter 100% de aguardente de cana ou de cachaça envelhecidos em recipiente de madeira apropriado, com capacidade máxima de 700 (setecentos) litros, por um período não inferior a três anos.

A Instrução Normativa n. 58, de 19 de dezembro de 2007, estabelece que fica vedado o uso de corantes de qualquer tipo, seja extrato, lascas de madeira ou maravalhas ou outras substâncias para correção ou modificação da coloração original do produto armazenado ou envelhecido. Veta, ainda, a adição de qualquer substância ou ingrediente que altere as características sensoriais naturais do produto final, com exceção do uso do caramelo para correção e/ou padronização da coloração de aguardente ou cachaça envelhecidas.

Para a cachaça ou a aguardente de cana armazenadas em recipiente de madeira que não se enquadrarem nos critérios definidos para a denominação Envelhecida, Premium ou Extra Premium, como por exemplo as armazenadas por um período menor que o mínimo estabelecido ou em recipiente de maior volume que 700 litros, é obrigatório declarar no rótulo: *Armazenada* em... (nome do recipiente) de... (nome da madeira). Exemplo: "armazenada em tonéis de carvalho".

Esteve em consulta pública até 21 de março de 2013 a Portaria 30, de 15 de fevereiro de 2013, referente ao projeto de instrução normativa que aprova os procedimentos de controle do envelhecimento da bebida alcoólica e demais produtos, com previsão de envelhecimento. Até julho de 2017 essa portaria ainda não tinha sido oficialmente aprovada. Dessa portaria destacam-se:

> CAPÍTULO I – DAS DISPOSIÇÕES PRELIMINARES. Art. 3º. Será considerada bebida alcoólica envelhecida ou produto envelhecido aqueles 100% envelhecidos, não sendo permitida a mistura de produto envelhecido com produto não envelhecido,

independentemente da proporção, salvo padrão de identidade e qualidade ou sua complementação.

Seção I – Das definições. Art. 1o. Para fins de execução desta Instrução Normativa, considera-se:

I – envelhecimento: é o processo em que se desenvolvem, naturalmente, em recipientes de madeira e de capacidade volumétrica apropriadas, reações físico-químicas que conferem à bebida alcoólica ou a outro produto características sensoriais que não possuíam anteriormente;

II – tempo de envelhecimento ou idade de envelhecimento: o período não inferior a um ano, no qual a bebida alcoólica ou outro produto, ressalvado o *brandy* ou conhaque fino, é submetido ao processo de envelhecimento sob controle da fiscalização federal agropecuária do Ministério da Agricultura, Pecuária e Abastecimento (MAPA).

6.4.2. Congêneres de maturação

A principal contribuição da madeira ao destilado está relacionada com a extração de compostos durante o envelhecimento e a formação de novas moléculas aromáticas mediante reações de hidrólise e oxidação dos compostos oriundos da madeira em interação com a bebida. Muitas transformações químicas estão relacionadas ao processo de envelhecimento dos destilados, tais como: a formação de aldeídos a partir da oxidação de álcoois; a formação de ácidos a partir da oxidação de aldeídos; a degradação da lignina por etanólise, formando aldeídos aromáticos; e as reações de esterificação entre ácidos e álcoois, formando ésteres. Esses compostos são responsáveis pela caracterização de uma bebida envelhecida.

Durante o envelhecimento, observa-se o aumento das concentrações de acidez volátil, ésteres, aldeídos, álcool isoamílico e compostos fenólicos totais. As concentrações dos álcoois metílico, n-propílico e isobutílico normalmente não se alteram significativamente ao longo do período de envelhecimento. O teor de cobre tende a diminuir com o envelhecimento. (Parazzi et al.,2008; Miranda et al., 2008). A aguardente envelhecida assume tonalidade dourada, com intensidade que depende do tipo de madeira com que esteve em contato e do tempo de envelhecimento (Tabela 10 e figuras 33 e 34).

Tabela 10 Cor e concentração de compostos fenólicos totais em aguardente envelhecida por 36 meses em tonéis (220 L) de diferentes tipos de madeiras.

	Cor* (% T a 420 nm)	Concentração de compostos fenólicos totais (em ácido gálico, mg/100 mL de álcool anidro)
Controle (aguardente não envelhecida)	98,8	0,26
Amendoim (*Pterogyne nitens*)	92,0	1,37
Araruva (*Centrolobium tomentosum*)	89,0	2,17
Cabreúva (*Myrocarpus frondosus*)	62,4	3,56
Cerejeira (*Amburana cearensis*)	74,6	5,49
Carvalho (*Quercus sessilis*)	63,5	4,87
Grápia (*Apuleia leiocarpa*)	39,7	4,85
Ipê-roxo (*Tabebuia heptaphylla*)	63,4	2,08
Jequitibá (*Cariniana estrellensis*)	90,7	0,70
Jequitibá-rosa (*Cariniana legalis*)	79,6	1,94
Pereira (*Platycyamus regnellii*)	60,9	1,65

*Quanto maior a % T (porcentagem de transmitância), mais clara é a aguardente. A água apresenta % T=100.

Figura 33 Coloração de aguardentes envelhecidas por três anos em tonéis de diferentes madeiras nacionais. Da esquerda para a direita: amendoim, jequitibá, cabreúva (bálsamo), ipê-roxo e cerejeira (amburana). Crédito: André Ricardo Alcarde.

Figura 34 Coloração de aguardentes envelhecidas em tonéis de carvalho por diferentes períodos. Da esquerda para a direita: três, seis, oito e doze anos. Crédito: André Ricardo Alcarde.

A madeira é um sistema biológico complexo, constituído de várias macromoléculas, principalmente celulose, hemicelulose e lignina. A celulose é o seu principal constituinte, sendo a sua estrutura original baseada na glicose. A hemicelulose é constituída de polissacarídeos complexos, que participam como suporte estrutural da parede celular. A lignina é um componente que preenche os espaços das fibras de celulose e tem a capacidade de tornar a parede celular rígida e impermeável.

A partir do aquecimento das aduelas para a confecção do barril, a hemicelulose gera produtos de caramelização, provenientes da quebra das moléculas de açúcar por desidratação (reação catalisada pelo ácido acético) e reação de Maillard, desenvolvendo compostos relevantes para a composição do buquê aromático e da cor característica do destilado. As pentoses formam furfural como o principal produto de degradação; já as hexoses formam 5-hidroximetilfurfural (5-HMF).

A lignina é o constituinte da madeira que mais influencia o envelhecimento de bebidas destiladas. Com sua degradação térmica, que ocorre durante a queima das aduelas dos barris e a partir da tosta final, surgem compostos monoméricos, seguido de aldeídos e ácidos aromáticos por meio da etanólise da lignina em meio ácido. A presença de oxigênio, permitida pela porosidade da madeira e pela formação do espaço sem líquido (*headspace*) entre a superfície da bebida e o barril, provoca outros mecanismos de transformação desses compostos por meio de reações de oxidação e hidrólise das ligações ésteres da lignina, e contribuem para a formação de aldeídos, os quais, ao serem oxidados, originam seus ácidos correspondentes.

Composta por uma estrutura de blocos guaiacil e siringil, a lignina gera dois diferentes grupos de compostos, sendo um deles o coniferaldeído, a vanilina e o ácido vanílico (originados da estrutura guaiacil) e o sinapaldeído, o siringaldeído e o ácido siríngico (originados da estrutura siringil) (Figura 35). Os mecanismos que envolvem a extração de congêneres de envelhecimento a partir da lignina são propostos em duas possíveis vias: uma delas é a simples extração de compostos fenólicos presentes na madeira que são incorporados à bebida; outra é a partir da extração da lignina da madeira por meio da ação do etanol, formando um composto etanol-lignina, posteriormente degradado em compostos fenólicos simples. Assim, a oxidação do sinapaldeído origina o siringaldeído, o qual, por sua vez, pode ser oxidado a ácido siríngico. A oxidação do coniferaldeído forma a vanilina, a qual pode ser oxidada a ácido vanílico.

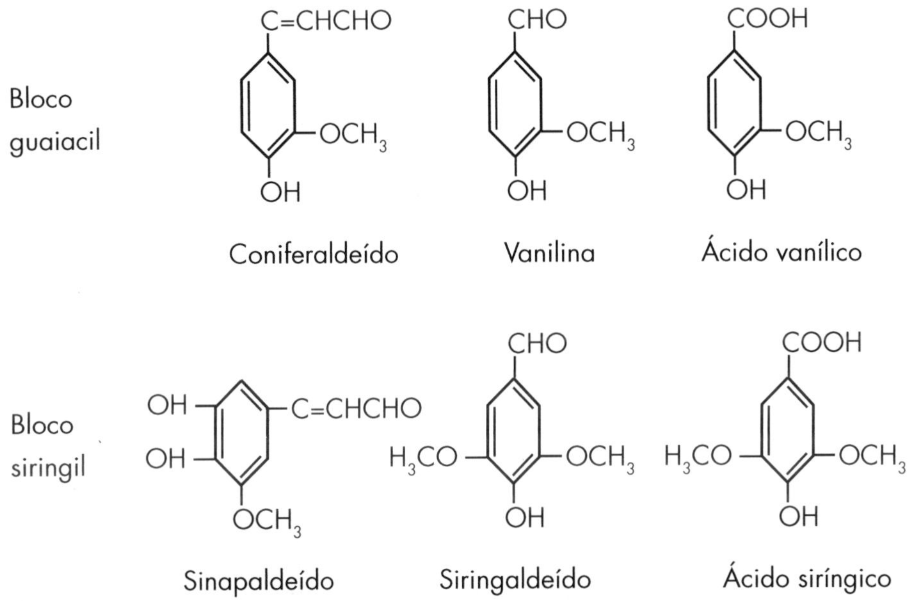

Figura 35 Aldeídos e ácidos fenólicos derivados da lignina.

A Figura 36 caracteriza a evolução de congêneres de maturação ao longo de 180 dias de envelhecimento de cachaça bidestilada em barris de carvalho de cinquenta litros. Levando em consideração as vias de formação dos congêneres derivados da lignina, ao longo do período de envelhecimento observou-se uma redução de compostos como o coniferaldeído e o sinapaldeído (aldeídos cinâmicos) e uma ampliação das concentrações de vanilina e siringadeído (aldeídos benzoicos) e de ácido vanílico e ácido siríngico (ácidos benzoicos). Os compostos ácido gálico, 5-HMF e furfural também foram extraídos pela cachaça ao longo do período de envelhecimento.

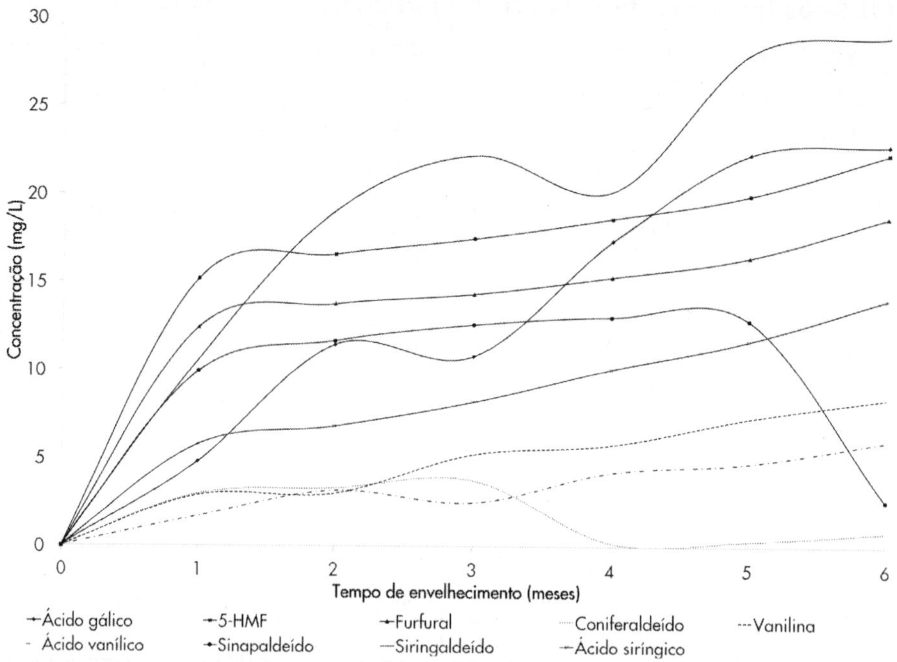

Figura 36 Evolução da concentração dos compostos de maturação em cachaça bidestilada (envelhecida por 180 dias em tonéis de carvalho de 50 litros).

O estudo da cinética de formação dos congêneres de maturação é importante para compreender o processo de envelhecimento de destilados. O acompanhamento da evolução e geração de congêneres ao longo do processo de envelhecimento pode caracterizar a bebida e identificar a sua maturidade.

Apesar de o carvalho ser a madeira mais indicada mundialmente para o envelhecimento de bebidas alcoólicas, seu uso no Brasil demanda um alto custo inicial devido à necessidade de importação da madeira de países europeus ou norte-americanos. Por outro lado, como o Brasil possui uma vasta flora, utilizar madeiras brasileiras pode ser uma alternativa viável para os produtores, sendo interessante o estudo do perfil químico de aguardentes obtidas de tonéis de madeiras nativas, a fim de comparar com o resultado obtido de tonéis de carvalho importados.

Bortoletto & Alcarde (2013) avaliaram o perfil de compostos voláteis e de marcadores de envelhecimento em cachaça bidestilada maturada por três anos em tonéis de diferentes madeiras, tais como amendoim (*Pterogyne nitens*), jequitibá (*Cariniana estrellensis*), araruva (*Centrolobium tomentosum*), cabreúva (*Mycrocarpus frondosus*), jequitibá-rosa (*Cariniana legalis*), cerejeira (*Amburana cearensis*), pereira (*Platycyamus regnelli*), grápia (*Apuleia leiocarpa*), ipê-roxo (*Tabebuia heptaphylla*) e carvalho europeu (*Quercus petraea*). O carvalho apresentou maior potencial de geração de compostos marcadores do envelhecimento. Diante dos resultados obtidos pelas madeiras nacionais, a que mais se aproximou do carvalho foi a jequitibá-rosa, se destacando por resultados de vanilina e ácido vanílico acima das concentrações obtidas pelo carvalho. A cerejeira também ofereceu um alto potencial de envelhecimento, comprovado pelas elevadas concentrações de ácido vanílico e de sinapaldeído e pela soma total dos marcadores de envelhecimento (Tabela 11). A grápia e a cabreúva demonstraram potencial mediano de maturação da cachaça, pois não foram encontrados alguns dos congêneres estudados em concentrações acima do limite de detecção. As madeiras amendoim, jequitibá, araruva, pereira e ipê-roxo foram aquelas que, qualitativamente e quantitativamente, menos cederam compostos de maturação à cachaça.

As etapas finais do processo de produção de aguardente ou cachaça envolvem a padronização do destilado, isto é, o acerto do teor alcoólico da bebida por meio de diluição em água potável. Na sequência, procede-se à filtração da bebida, com a passagem por filtros de algodão ou celulose para que sejam retidas partículas sólidas, dando ao destilado limpidez, transparência e brilho, e, finalmente, realiza-se o engarrafamento da bebida.

As boas práticas de fabricação visam garantir a qualidade ao longo do processo de produção. No entanto, é o controle de qualidade, mediante análises químicas laboratoriais, que mensura a qualidade dos produtos em processo, desde a matéria-prima até a bebida engarrafada. O Laboratório de Tecnologia e Qualidade de Bebidas da ESALQ/USP conta com todos os equipamentos de análise necessários para o controle químico da qualidade de aguardentes. Além de balanças analíticas, peagômetros, destiladores de bancada, espectrofotômetros, refratômetros, sacarímetro e densímetro digital, conta ainda com cromatógrafos gasosos e líquidos, que realizam análises dos congêneres voláteis (cromatografia gasosa com detector de ionização de chama e acoplada à espectrometria de massas), e congêneres de maturação (cromatografia líquida de alta eficiência acoplada a detectores de índice de refração, ultravioleta e de fluorescência) (Figura 37).

Tabela 11 Congêneres de maturação predominantes em cachaças bidestiladas (envelhecidas por três anos em tonéis de diferentes madeiras).

Tipo de madeira	Congêneres de maturação predominantes	Concentração (mg/100 mL álcool anidro)
Carvalho	Ácido gálico	8,32
	Vanilina	2,21
	Siringaldeído	11,26
	Ácido siríngico	4,70
Jequitibá-rosa	Vanilina	4,20
	Ácido vanílico	3,77
	Siringaldeído	5,39
	Ácido siríngico	2,61
Cerejeira	Ácido vanílico	6,19
	Sinapaldeído	5,91
Cabreúva	Siringaldeído	3,56
	Ácido siríngico	3,39
Grápia	Ácido vanílico	2,33
	Siringaldeído	3,00
Araruva	Ácido siríngico	1,95
	Ácido vanílico	1,91
Jequitibá	Vanilina	1,57
	Ácido vanílico	1,56
Amendoim	Ácido siríngico	1,40
	Vanilina	1,34
Pereira	Ácido vanílico	0,96
	Ácido siríngico	0,90
Ipê-roxo	Ácido vanílico	1,30

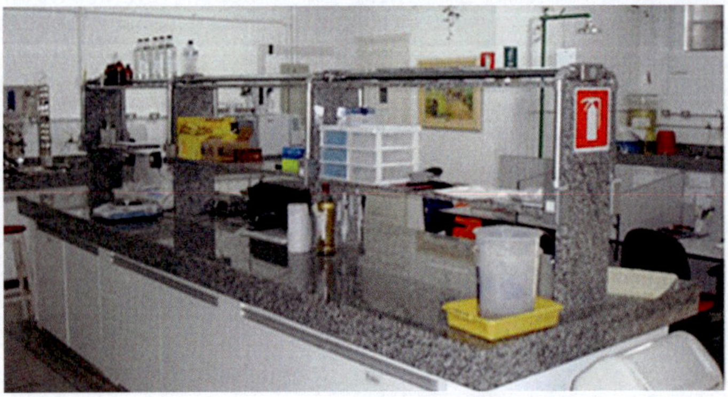

Figura 37 Laboratório de Tecnologia e Qualidade de Bebidas da ESALQ/USP. Crédito: André Ricardo Alcarde.

7 CAPÍTULO

Aspectos sensoriais das aguardentes

Uma cachaça, além de apresentar composição química que não traga risco à saúde pública, também deve ter atributos sensoriais agradáveis ao consumidor. A avaliação sensorial, ou seja, a avaliação do conjunto de aroma e sabor, é de grande importância para definir a qualidade. A harmonia entre os componentes da bebida cria o suave, agradável e característico conjunto de aroma e sabor de um destilado.

A avaliação sensorial é feita pelos sentidos: visão, olfato, tato, paladar e audição. O olfato e o paladar são particularmente importantes, pois trazem interpretações sobre a composição química, isto é, sobre as interações entre a água, o etanol e os compostos secundários presentes na aguardente.

Essa avaliação começa pela leitura do rótulo, que contém informações sobre as características e a procedência da bebida. O aspecto visual da bebida no copo deve ser transparente e brilhante, sem sólidos em suspensão. O seu aroma deve ser suave e delicado: o aroma agressivo indica excesso de acidez. No sabor, deve-se notar gosto adocicado, suavidade e um leve amargor. Novamente, a agressividade da aguardente na boca, dando a sensação de queimação, é devida ao excesso de acidez, o que caracteriza o principal defeito sensorial de uma aguardente.

O etanol, apesar da sua alta concentração na aguardente de cana, tem pouca influência no aroma da bebida devido ao alto limiar de odor e à sua característica de aroma pouco pronunciado.

Os álcoois superiores fornecem odores característicos e marcantes às bebidas, além de terem ação solvente sobre outras substâncias aromáticas. O álcool isoamílico tem seu odor caracterizado como "uísque" e "malte". O n-propanol, "pungente". O isobutanol é associado ao sabor "amargo". E, por fim, o 2-feniletanol lembra o odor de "flores" e "frutas".

Vale lembrar que as características de odor dos compostos voláteis dependem de suas concentrações, de forma que quantidades muito elevadas podem modificar características de odor consideradas agradáveis para extremamente desagradáveis. Assim, destilados com quantidades excessivas de álcoois superiores normalmente apresentam aspecto sensorial desagradável.

No grupo dos ésteres, o acetato de etila é associado ao odor "frutal", que também se torna desagradável em altas concentrações. O lactato de etila também possui odor "frutado". O decanoato de etila, o hexanoato de etila, o octanoato de etila, o acetato de isoamila e o dodecanoato de etila apresentam odores específicos de "uva", "casca de maçã", abacaxi", "banana" e "folha de planta", respectivamente. Os ésteres com estruturas carbônicas menores, como o acetato de 3-metilbutila, têm geralmente maior volatilidade e menor valor de limiar de odor, sendo considerados importantes para o aroma global da bebida. Por outro lado, os ésteres com estruturas carbônicas maiores, como é o caso do dodecanoato de etila, são menos voláteis e apresentam maiores limiares de odor, sendo sua contribuição sensorial teoricamente limitada mais à textura (oleosidade) e ao palato do que ao aroma. Ésteres minoritários também mostraram-se potencialmente importantes para o aroma de bebidas, sendo o propanoato de etila, o butanoato de etila, o pentanoato de etila e o acetato de hexila associados aos aromas "frutado", "maçã", "fermento" e "frutal", respectivamente.

O ácido acético tem grande influência sobre o sabor e o aroma das aguardentes, sendo relacionado a um odor penetrante e irritante, comumente descrito como odor de "vinagre". Outros ácidos presentes em concentrações bem mais reduzidas do que a do ácido acético também apresentam odores bem característicos. O ácido isovalérico (2-metil-butanoico), por exemplo, apresenta odor de "chulé", enquanto o ácido hexanóico (ácido cáprico) é responsável pelo odor pungente de "queijo" e "ranço". Vale ressaltar novamente que o excesso de acidez de uma bebida destilada caracteriza um grave defeito sensorial.

Os aldeídos também têm grande influência sobre o aroma e o sabor das bebidas alcoólicas. Vários compostos desse grupo, tais como acetaldeído, furfural e 5-hidroximetilfurfural, são associados aos efeitos desagradáveis de ressaca decorrente do consumo excessivo de bebidas alcoólicas. Dessa forma, um conteúdo reduzido de aldeídos nas aguardentes com frequência é associado a bebidas de qualidade superior.

Além da toxidade associada ao grupo dos aldeídos, o formaldeído está ainda associado a um odor "pungente" e "sufocante"; a acroleína, ao odor desagradável de "ranço"; e o acetaldeído, ao odor "pungente" quando em altas concentrações e ao odor de "fruta" quando em baixas concentrações. O furfural está associado a odores de "pão" e "amêndoa". O propenaldeído possui aroma "rançoso". Esses aldeídos de menor massa molecular estão normalmente presentes nas aguardentes em concentrações acima dos seus limites de detecção pelo olfato humano, tendo, portanto, importante influência no aroma dessas bebidas.

Em geral, os aldeídos com até oito átomos de carbono, tais como acetaldeído, formaldeído, acroleína, benzaldeído e furfural, apresentam odores penetrantes, geralmente enjoativos, considerados indesejáveis para as aguardentes de cana. Por outro lado, aldeídos maiores, de 8 a 11 átomos de carbono, apresentam aroma agradável, conferindo nota odorífera de fruta cítrica ao aroma das bebidas.

Quanto ao grupo das cetonas, a 2,3-butanodiona apresenta aroma associado à "manteiga".

As aguardentes de cana podem ainda apresentar um defeito sensorial quando destiladas em alambique de aço inoxidável. Esse defeito, atribuído à ausência de cobre no destilador, está relacionado à presença de compostos sulfurados na bebida. Esses compostos, particularmente o dimetilsulfeto (DMS), geralmente são responsáveis pelo aroma desagradável (odor de sulfetos) em alimentos e bebidas. O íon Cu^{2+} age de forma a catalisar a conversão de sulfetos a sulfatos, reduzindo, portanto, o odor desagradável típico dos sulfetos.

Entre os congêneres de maturação, o furfural e o 5-hidroximetilfurfutal, aldeídos furânicos formados a partir da celulose e hemicelulose da madeira do tonel, conferem odores de "tostado", "pão torrado", "caramelo" e "amêndoas" aos destilados. A whisky-lactona (Figura 38), formada pela degradação térmica de lipídios, está associada a sabores de "baunilha" e "coco". Dos compostos oriundos da cadeia de degradação da lignina, o coniferaldeído e o sinapaldeído estão relacionados a aromas de "canela" e "especiarias"; os compostos vanilina e siringaldeído estão associados a aromas de "baunilha", "amêndoas", "defumado" e "cereja"; e os ácidos vanílico e siríngico conferem aromas de "baunilha" e "flores" à aguardente envelhecida. Os ácidos gálico e elágico (Figura 38), extraídos diretamente da madeira do tonel, não são voláteis, portanto não apresentam características aromáticas, tendo participação apenas no corpo e na viscosidade da bebida, atributos sentidos pelo tato.

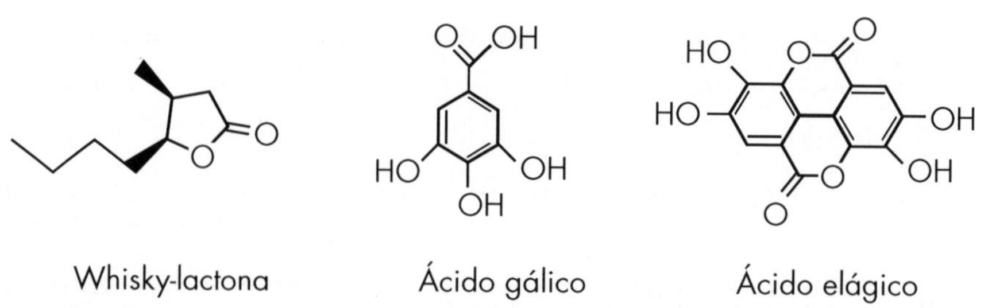

Figura 38 Estrutura química de alguns congêneres de maturação encontrados em aguardentes envelhecidas.

A Tabela 12 apresenta alguns critérios sensoriais para a avaliação de aguardente ou cachaça.

Tabela 12 Características favoráveis para a avaliação sensorial da cachaça.

Sentido	Características
VISÃO	A bebida apresenta-se límpida, sem sólidos em suspensão. Brilhante e transparente. Ao ser agitada, formam-se pequenas bolhas que desaparecem logo. Apresenta leve aspecto oleoso quando escorre pelas bordas do cálice. Formam "pernas" brilhantes nas paredes do cálice.
OLFATO	O aroma da bebida não é agressivo ao nariz e aos olhos. Apresenta aroma agradável quando servida no cálice. Deixa um aroma agradável se esfregada na pele e evaporada.
TATO	A bebida é suave e macia na boca.
PALADAR	A bebida não agride excessivamente as mucosas da boca. É agradável ao paladar, dando sensação de ser complexa e harmonicamente sensorial. Se envelhecida, apresenta os sabores agradáveis oriundos da madeira e um leve amargor. O retrogosto parece complexo e agradável, harmonioso e não arde o nariz.
AUDIÇÃO	Os provadores sentem uma sensação harmônica e agradável, remetendo à alegria e à descontração.

7.1. AVALIAÇÃO SENSORIAL DE AGUARDENTES DA ESALQ/USP

As aguardentes originárias das pesquisas da ESALQ/USP são periodicamente analisadas por um painel de degustadores da Scotch Malt Whisky Society, com sede em Edimburgo, na Escócia. A seguir segue um resumo da avaliação de um lote envelhecido por três anos em tonéis de carvalho:

> A cachaça deste lote apresenta coloração âmbar e aromas de mel e anis, com toque especial de baunilha. Seu sabor é doce, com toques de condimentos, canela e noz-moscada, leve amargor, corpo médio e extrema maciez e suavidade. É uma cachaça muito agradável, comparável aos *whiskies single malt* de oito anos de envelhecimento, particularmente da região de *Lowland*, e superior aos *blended whiskies* que dominam o mercado mundial (e-mail recebido da Scotch Malt Whisky Society, Edimburgo, Escócia, 9 de setembro de 2009, tradução nossa).

Veja a seguir o parecer original completo, em inglês, dessa avaliação sensorial (Scotch Malt Whisky Society, Edimburgo, Escócia, 9 de setembro de 2009):

> The colour was amber, although I argued for brass, but was like a non-sherried whisky matured in the normal bourbon casks. The liquid was quite viscous, with "slow legs" when swilled round the glass. At 41% abv, we assumed it had been chill-filtered but you may not need to do that with cachaça.
>
> The nose first had honey and liquorice, changing to aniseed. It became more herbal and spicy (cinnamon and nutmeg) and we could believe it was a relative of Rum. The sweetness had a contrasting pungency of linseed oil or coal tar soap. The first taste was bitter-sweet, rather than sweet, with aniseed coming through strongly. The mouthfeel was slightly fizzy, reminding us of sherbet, but smooth and warming, rather than burning. We could get a hint of sawdust from a hardwood, or perhaps the burnt smell of drilling through hardwood. Adding a small drop of water brought out the spices but it would be easy to drown the tastes with too much water.

Overall, we agreed that it tasted of aniseed and bubble-gum and was a very pleasant and agreeable start to our evening of whiskies. I know that you are not trying to make whisky but trying to make a superior cachaça that can compete with drinks like whisky. My view is that you have already achieved that and that what we tasted could match many young Scottish whiskies, particularly Lowland, and was superior to many of the blended grain whiskies that dominate the world market. At only three years, it was impressive and we would love to try a 7 or 10 year-old if you can ever wait long enough with your experiments. We were also fascinated by the possibilities you are investigating with different Brazilian woods.

I scribbled a few comments from the panel about your cachaça:

Nose – rich, sweet nose – syrup, crunchie bars, macadamia nuts, oxo cubes, Nurnberger bratwurst,

Palate – thin (would prefer a higher strength sample), not complex but would appeal to a sweet tooth and would go well in coffee or with ice.

Comments – "Orkney fudge in a glass". "Very drinkable", "I love it!" "I would buy a bottle".[1]

1 Tradução nossa: a cor é âmbar, embora eu tenha defendido ser de cor bronze. Parece um *whisky* envelhecido em barris de Bourbon. O líquido é bastante viscoso, com "pernas lentas" quando o líquido é girado ao redor do copo. Tendo 41% de álcool, assumimos que foi filtrada a frio, embora não seja necessário fazer isso com cachaça. A primeira sensação no nariz é de aromas de mel e alcaçuz, mudando depois para anis. Se torna mais herbáceo e condimentado (canela e noz-moscada). Pudemos notar que se trata de uma bebida da família do rum. A doçura tem uma pungência contrastante de óleo de linhaça ou sabão de alcatrão de carvão. O sabor inicial é amargo-doce, em vez de somente doce, com sabor marcante de anis. A sensação na boca é ligeiramente gasosa, lembrando-nos *sherbet* (sobremesa gelada feita de suco de fruta, creme de leite, clara de ovo e gelatina), mas suave e aquecendo, em vez de queimar. Podemos notar sabores que lembram serragem de madeira ou, talvez, o cheiro queimado de perfuração através de madeira dura. Adicionando uma pequena gota de água trouxe-nos sabores de especiarias. O excesso de água poderia facilmente abafar os aromas e sabores.
No geral, concordamos sobre gostos de anis e goma de mascar, que foi um começo muito agradável e prazeroso para a nossa noite de *whiskies*. Eu sei que você não está tentando fazer *whisky*, mas tentando fazer uma cachaça superior que pode competir com bebidas como o *whisky*. Na minha opinião você já conseguiu atingir esse objetivo. A cachaça que provamos está no nível de qualidade de muitos jovens *whiskies* escoceses, em particular da região de Lowland, e é superior a muitos dos *blended whiskies* que dominam o mercado mundial. Tendo

Uma segunda aguardente da ESALQ, bidestilada e envelhecida por três anos em tonéis de carvalho, recebeu a seguinte avaliação da Scotch Malt Whisky Society: "A cachaça deste lote apresenta coloração dourada e aroma de mel e castanhas, com toque suave de baunilha. Seu corpo é leve, com elevada maciez e suavidade. É uma cachaça muito agradável, comparável aos *grain whiskies*" (Scotch Malt Whisky Society, 18 de novembro de 2010).

Quanto às aguardentes envelhecidas em madeiras nacionais, os lotes analisados receberam as seguintes avaliações: "A cachaça deste lote, um *blend* de cachaças envelhecidas em tonéis de jequitibá-rosa, carvalho e cerejeira, apresenta 'coloração dourada e aroma de especiarias, com suave toque apimentado. É um destilado macio, com percepção média de acidez'" (Scotch Malt Whisky Society, 25 de agosto de 2011).

A cachaça deste lote, um *blend* de cachaças envelhecidas por 6 anos em tonéis de carvalho europeu, cabreúva (bálsamo) e cerejeira (amburana), apresenta "coloração esverdeada e aroma de especiarias, com um toque picante. É um destilado macio, corpo médio e com percepção média de acidez. Seu sabor apresenta toques de condimentos, canela e baunilha, e médio amargor" (Scotch Malt Whisky Society, 14 de setembro de 2012).

A cachaça deste lote, um *blend* de cachaças envelhecidas em tonéis de jequitibá-rosa, ipê-roxo e cerejeira (amburana), apresenta "coloração amarelo-palha e aroma floral. É um destilado macio, corpo médio e com percepção baixa de acidez. Seu sabor apresenta toques de frutas cítricas, amêndoas e canela, com baixo amargor" (Scotch Malt Whisky Society, 4 de setembro de 2013).

Essas avaliações mostraram que nossas pesquisas estão no caminho certo. Mediante ciência e tecnologia, estamos a caminho de desenvolver aguardentes de cana com qualidade química e sensorial superior, similar a de bebidas destiladas mundialmente reconhecidas.

apenas três anos de envelhecimento, é impressionante! Gostaríamos de experimentar cachaças com 7 ou 10 anos, caso você possa esperar esse tempo em seus experimentos. Também ficamos fascinados pelas possibilidades que você está investigando com diferentes madeiras brasileiras. Seguem alguns comentários do painel que degustou sua cachaça: Nariz: rico e doce, xarope, barras de cereais, nozes de macadâmia. Palato: fino (preferiria uma amostra com mais álcool), não complexo, mas atraente para combinar com um doce. Iria bem no café ou com gelo. Comentários: "Fácil de beber", "Eu adoro!", "Eu compraria uma garrafa".

Referências bibliográficas

ALCARDE, A. R.; SOUZA, P. A.; BELLUCO, A. E. S. Aspectos da composição química e aceitação sensorial da aguardente de cana-de-açúcar envelhecida em tonéis de diferentes madeiras. **Ciência e Tecnologia de Alimentos**, v. 30, supl. 1, p. 226-232, 2010.

ALCARDE, A. R.; MONTEIRO, B. M. S.; BELLUCO, A. E. S. Composição química de aguardentes de cana-de-açúcar fermentadas por diferentes cepas da levedura *Saccharomyces cerevisiae*. **Química Nova**, v. 35, n. 8, p. 1612-1618, 2012.

ALCARDE, A. R.; SOUZA, L. M.; BORTOLETTO, A. M. Ethyl carbamate kinetics in double distillation of sugar cane spirit. **Journal of the Institute of Brewing**, v. 118, n. 1, p. 27-31, 2012.

ANDRADE-SOBRINHO, L. G. et al. Carbamato de etila em bebidas alcoólicas (cachaça, tiquira, uísque e grapa). **Química Nova**, v. 25, n. 6B, p. 1074-1077, 2002.

BAFFA JÚNIOR, J. C. et al. Ocorrência de carbamato de etila em cachaças comerciais da região da zona da mata mineira – MG. **Alimentos e Nutrição**, v. 18, n. 4, p. 371-373, 2007.

BORTOLETTO, A. M.; ALCARDE, A. R. Congeners in sugar cane spirits aged in casks of different woods. **Food Chemistry**, Reading, v. 139, p. 695-701, 2013.

BORTOLETTO, A. M.; ALCARDE, A. R. Assessment of chemical quality of Brazilian sugar cane spirits and cachaças. **Food Control**, v. 53, p. 1-6, 2015.

BOSCOLO, M. et al. Identification and dosage by HRGC of minor alcohols and esters in Brazilian sugar-cane. **Journal of the Brazilian Chemical Society**, v. 11, p. 86-90, 2000.

BOSCOLO, M. **Caramelo e carbamato de etila em aguardente de cana:** ocorrência e quantificação. São Carlos: Instituto de Química de São Carlos, Universidade de São Paulo, 2001. 100 p. Tese (Doutorado).

BRASIL. Ministério da Agricultura, Pecuária e Abastecimento. Instrução Normativa nº 13, de 29 de junho de 2005. **Diário Oficial da União.** Brasília, 30 jun. 2005.

______. Instrução Normativa nº 58, de 19 de dezembro de 2007. **Diário Oficial da União.** Brasília, 19 dez. 2007.

______. Instrução Normativa nº 27, de 15 de maio de 2008. **Diário Oficial da União.** Brasília, 15 mai. 2008.

______. Instrução Normativa nº 27, de 13 de setembro de 2012. **Diário Oficial da União.** Brasília, 14 set. 2012.

______. Instrução Normativa nº 28, de 8 de agosto de 2014. **Diário Oficial da União.** Brasília, 11 ago. 2014.

BRUNO, S. N. F. et al. Influence of the distillation processes from Rio de Janeiro in the ethyl carbamate formation in Brazilian sugar cane spirits. **Food Chemistry**, v. 104, n. 4, p. 1345-1352, 2007.

CARDOSO, M. G. **Produção de aguardente de cana-de-açúcar**. 2 ed. Lavras: Universidade Federal de Lavras, 2006. 444 p.

CARUSO, M. S. F.; NAGATO, L. A. F.; ALABURDA, J. Avaliação do teor alcoólico e compostos secundários de cachaças. **Revista do Instituto Adolfo Lutz**, v. 67, n. 1, p. 28-33, 2008.

CHATONNET, P. Discrimination and control of toasting intensity and quality of oak wood barrels. **American Journal of Enology and Viticulture**, Davis, v. 50, n. 4, p. 479-494, 1999.

CONNER, J.; REID, K.; JACK, F. Maturation and blending. In: RUSSELL, I.; STEWART, G.; BAMFORTH, C. **Whisky**: Technology, Production and Marketing. London: Elsevier, 2003. p. 209-240.

CRISPIM, J. E. **Manual da produção de aguardente de qualidade**. Guaíba: Editora Agropecuária Ltda., 2000. 336 p.

FIGUEIREDO, L. et al. **Cachaça: alquimia brasileira**. Rio de Janeiro: 19 Design Editora Ltda., 2005. 124 p.

GALINARO, C. A.; FRANCO, D. W. Formação de carbamato de etila em aguardentes recém-destiladas: proposta para seu controle. **Química Nova**, v. 34, n. 6, p. 996-1000, 2011.

______. Hidrocarbonetos policíclicos aromáticos (HPAs) em cachaça, rum, uísque e álcool combustível. **Química Nova**, v. 32, n. 6, p. 1447-1451, 2009.

LABANCA, R. A.; GLÓRIA, M. B. A.; AFONSO, R. J. C. F. Determinação de carbamato de etila em aguardentes de cana por CG-EM. **Química Nova**, v. 31, n. 7, p. 1860-1864, 2008.

LACHENMEIER, D. W. et al. Cancer risk assessment of ethyl carbamate in alcoholic beverages from Brazil with special consideration to the spirits cachaça and tiquira. **BMC Cancer**, v. 10, p. 226, 2010. (DOI: http://dx.doi.org.ez67.periodicos.capes.gov.br/10.1186/1471-2407-10-266)

LÉAUTÉ, R. Distillation in alambic. **American Journal of Enology and Viticulture**, v. 41, n. 1, p. 90-103, 1990.

LIMA, U. A. **Aguardente: fabricação em pequenas destilarias**. Piracicaba: FEALQ, 1999. 187 p.

______. Aguardentes. In: AQUARONE, E. et al. (Eds.). **Biotecnologia industrial**: biotecnologia na produção de alimentos. São Paulo: Edgard Blücher, 2001. p. 145-182.

MAIA A. B. Componentes secundários da aguardente. **STAB**, v. 12, n. 6, p. 29-34, 1994.

MAIA, A. B. R. A.; CAMPELO, E. A. P. **Tecnologia da cachaça de alambique**. Belo Horizonte: SEBRAE/MG; SINDBEBIDAS, 2005. 129 p.

MELONI, G. **L'Industria Dell'Alcole**. v. 3. Processi e Impianti di Produzione e Transformazione. Spiriti. Alcole assoluto. Alcoli sintetici. Milão: Ulrico Hoepli, 1957. 973 p.

MIRANDA, J. R. **História da cana-de-açúcar**. Campinas: Komedi, 2008. 167 p.

MIRANDA, M. B. et al. Qualidade química de cachaças e de aguardentes brasileiras. **Ciência e Tecnologia de Alimentos**, v. 27, n. 4, p. 897-901, 2007.

______. Perfil físico-químico de aguardente durante envelhecimento em tonéis de carvalho. **Ciência e Tecnologia de Alimentos**, v. 28, supl., p. 84-89, 2008.

MOREIRA, R. F. A.; NETO, C. C.; de MARIA, C. A. B. A fração volátil das aguardentes de cana produzidas no Brasil. **Química Nova**, v. 35, n. 9, p. 1819-1826, 2012.

MOSEDALE, J. R.; PUECH, J. L. Wood maturation of distilled beverages. **Trends in Food Science & Technology**, Norwich, v. 9, n. 3, p. 95-101, 1998.

MUTTON, M. A., MUTTON, M. J. Aguardente de cana. In: VENTURINI FILHO, W. G. (Coord.). **Bebidas alcoólicas**: ciência e tecnologia. São Paulo: Blucher, 2010. p. 237-266.

NAGATO, L. A. F. et al. Quantitation of ethyl carbamate (EC) by gas chromatography and mass spectrometric detection in distilled spirits. **Alimentaria**, v. 311, n. 1, p. 31-36, 2000.

NASCIMENTO, R. F. et al. Influência do material do alambique na composição química das aguardentes de cana-de-açúcar. **Química Nova,** v. 21, n. 6, p. 735-739, 1998.

NÓBREGA, I. C. C. et al. Ethyl carbamate in pot still cachaça (Brazilian sugar cane spirits): Influence of distillation and storage conditions. **Food Chemistry,** v. 117, n. 4, p. 693-697, 2009.

______. Ethyl carbamate in cachaça (Brazilian sugarcane spirit): Extended survey confirms simple mitigation approaches in pot still distillation. **Food Chemistry,** v. 127, n. 3, p. 1243-1247, 2011.

PARAZZI, C. et al. Avaliação e caracterização dos principais compostos químicos da aguardente de cana-de-açúcar envelhecida em tonéis de carvalho (*Quercus* sp.). **Ciência e Tecnologia de Alimentos,** v. 28, n. 1, p. 193-199, 2008.

PIGGOTT, J. R.; CONNER, J. M. Whiskies. In: LEA, A. G. H.; PIGGOTT, J. R. (Eds.) **Fermented beverage production.** 2 ed. New York: Klumer Academic/ Plenum Publishers, 2003. cap. 11, p. 239-262.

RIACHI, L. G. et al. A review of ethyl carbamate and polycyclic aromatic hydrocarbon contamination risk in cachaça and other Brazilian sugarcane spirits. **Food Chemistry,** v. 149, p. 159-169, 2014.

RIFFKIN, H. L. et al. Ethyl carbamate formation in the production of pot still whisky. **Journal of the Institute of Brewing,** v. 95, p. 115-119, 1989.

SINGLETON, V. L. Maturation of wines and spirits – comparisons, facts, and hypotheses. **American Journal of Enology and Viticulture,** Davis, v. 46, n. 1, p. 98-115, 1995.

SOUZA, L. M. et al. **Produção de cachaça de qualidade.** Piracicaba: ESALQ, 2013. 72 p.

STUPIELLO, J. P. Destilação do vinho. In: MUTTON, M. J. R.; MUTTON, M. A. (Eds.). **Aguardente de cana:** Produção e Qualidade. Jaboticabal: FUNEP, 1992. p. 67-78.

TRINDADE, A. G. **Cachaça: um amor brasileiro.** São Paulo: Editora Melhoramentos, 2006. 165 p.

VARGAS, E. A.; GLÓRIA, M. B. Qualidade da aguardente de cana (*Saccharum officinarum*, L.) produzida, comercializada e/ou engarrafada no Estado de Minas Gerais. **Ciência e Tecnologia de Alimentos,** v. 15, n. 1, p. 43-46, 1995.

VILELA, F. J. et al. Determinação das composições físico-químicas de cachaças do sul de minas gerais e de suas misturas. **Ciência e Agrotecnologia,** v. 31, n. 4, p. 1089-1094, 2007.

YOKOYA, F. **Fabricação de aguardente de cana.** Campinas: Fundação Tropical de Pesquisas e Tecnologia "André Tosello", 1995. 87 p.